高 等 院 校 园 林 专 业 系 列 教 材

风景园林设计表现理论与技法

THEORY AND SKILL OF LANDSCAPE DESIGN REPRESENTATION

邱 冰 张 帆 编著

东南大学出版社·南京

内 容 提 要

本教材立足于风景园林制图标准及风景园林规划设计的特点，通过系统的文字和大量的手绘图片，详细而循序渐进地介绍了风景园林设计表现理论和技法的本质特点、基本原理、技术细节和运用要点，将教学目标由“图面美观”改为“图纸信息清晰”，将表现技法由“绘画技法”改为“表现、传递信息的技法”，使表现图更符合风景园林行业的实际需要。

本教材内容的编写讲究科学和理性，逻辑性强，没有晦涩难懂的美术用语和跳跃的步骤，易于掌握，对农林及工科院校背景的学生及从业者尤为适用。同时，内容的设置充分考虑了不同学科背景的读者，并提供了一种通过本教材辅助认识风景园林规划设计特点的途径。因此，在作为高等院校园林、风景园林及相关专业教学用书的同时，本教材也可供从事园林规划设计、环境艺术设计、城市规划、旅游规划等相关专业人员学习参考。

图书在版编目(CIP)数据

风景园林设计表现理论与技法/邱冰，张帆编著.
—南京：东南大学出版社，2012.12(2024.2 重印)
高等院校园林专业系列教材
ISBN 978-7-5641-3878-3

Ⅰ.①风… Ⅱ.①邱… ②张… Ⅲ.①园林设计—高等学校—教材 Ⅳ.①TU986.2

中国版本图书馆 CIP 数据核字(2012)第 296083 号

风景园林设计表现理论与技法

出版发行：东南大学出版社
社　　址：南京市四牌楼 2 号(邮编　210096)
出 版 人：江建中
网　　址：http://www.seupress.com
电子邮箱：press@seupress.com
经　　销：全国各地新华书店
印　　刷：广东虎彩云印刷有限公司
开　　本：889 mm×1 194 mm　1/16
印　　张：7
字　　数：217 千
版　　次：2012 年 12 月第 1 版
印　　次：2024 年 2 月第 7 次印刷
书　　号：ISBN 978-7-5641-3878-3
定　　价：39.00 元

(本社图书若有印装质量问题，请直接与营销部联系。电话：025-83791830)

出 版 前 言

推进风景园林建设，营造优美的人居环境，实现城市生态环境的优化和可持续发展，是提升城市整体品质，加快我国城市化步伐，全面实现小康社会，建设生态文明社会的重要内容。高等教育园林专业正是应我国社会主义现代化建设的需要而不断发展的，是我国高等教育的重要专业之一。近年来，我国高等院校中园林专业发展迅猛，目前全国有 150 所高校开办了园林专业，但园林专业教材建设明显滞后，适应时代需要的教材很少。

南京林业大学园林专业是我国成立最早、师资力量雄厚、影响较大的园林专业之一，是首批国家级特色专业。自创办以来，专业教师积极探索、勇于实践，取得了丰硕的教学研究成果。近年来主持的教学研究项目获国家级优秀教学成果二等奖两项，国家级精品课程 1 门，省级教学成果一等奖 3 项，省级精品课程 4 门，省级研究生培养创新工程 6 项，其他省级（实验）教学成果奖 16 项；被评为国家级园林实验教学示范中心、省级人才培养模式创新实验区，并荣获“风景园林规划设计国家级优秀教学团队”称号。为培养合格人才，提高教学质量，我们以南京林业大学为主体组织了山东建筑工业大学、中国矿业大学、安徽农业大学、郑州大学等十余所院校中有丰富教学、实践经验的园林专业教师，编写了这套系列教材，准备在两年内陆续出版。

园林专业的教育目标是培养从事风景园林建设与管理的高级人才，要求毕业生既能熟悉风景园林规划设计，又能进行园林植物培育及园林管理等工作，所以在教学中既要注重理论知识的培养，又要加强对学生实践能力的训练。针对园林专业的特点，本套教材力求图文并茂，理论与实践并重，并在编写教师课件的基础上制作电子或音像出版物辅助教学，增大信息容量，便于教学。

全套教材基本部分为 15 册，并将根据园林专业的发展进行增补，这 15 册是：《园林概论》、《园林制图》、《园林设计初步》、《计算机辅助园林设计》、《园林史》、《园林工程》、《园林建筑设计》、《园林规划设计》、《风景名胜区规划原理》、《园林工程施工与管理》、《园林树木栽培学》、《园林植物造景》、《观赏植物与应用》、《园林建筑设计应试指南》、《园林设计应试指南》，可供园林专业和其他相近专业的师生以及园林工作者学习参考。

编写这套教材是一项探索性工作，教材中定会有不少疏漏和不足之处，还需在教学实践中不断改进、完善。恳请广大读者在使用过程中提出宝贵意见，以便在再版时进一步修改和充实。

高等院校园林专业系列教材编审委员会

二〇〇九年十月

前　言

风景园林表现技法(简称“表现技法”)作为园林、风景园林专业的一门基础课,有的院校单独开设,有的则将其并入设计初步。但是,对表现技法的误解和困惑始终是学生的通病,一个园林专业(或相关专业)的本科毕业生可能绘制不出一张正确的风景园林表现图(简称“表现图”)。那么,当前的表现技法教学出了什么问题? 表现图究竟应该“表现”什么? 长期以来,表现技法被看做是一种绘画技法,这种教学方式以及围绕着“绘画技法”展开的教学内容使表现图偏离了其本质,脱离了专业特点,误导了学生的学习方向,是该课程教与学的一个严重误区。本书结合风景园林规划设计流程对表现图的特性进行解析,界定了“表现”的定义,揭示了表现图的本质是一种用于交流的技术语言,提出了绘制表现图的基本原则:有效、清晰地传递信息,并以之为核心从理论与技法两方面重新设定表现技法课教学内容,使表现技法与园林、风景园林专业紧密结合。

全书分为 6 章,45 500 余字,图片 201 张。在指导思想和编写内容上与现有的同类教材或专著有所不同,有一定的阅读难度,要求读者具备相应的园林、风景园林专业基础知识和设计经历。

第一章为绪论,主要分析当前表现技法教与学的若干误区,对表现图作定性分析,为读者理解后面 5 章的内容理清了概念和思路。

第二章阐述了表现技法的通用原理,将各类表现图的绘制原理统一在一个理性的体系下。通用原理适用于任何表现工具,包括钢笔、铅笔、马克笔、彩色铅笔、水粉、水彩、计算机绘图软件等,是深入学习表现图绘制方法的基础。这一章是全书最重要的内容,包括线条加工、明度区分、色彩安排和阴影表现 4 个部分,涉及制图规范、规划与设计的区别等内容,要求读者有较好的园林(或建筑)制图基础,即掌握画法几何、阴影透视及风景园林行业的习惯性画法,已经接触公园等较大尺度的风景园林项目或课题作业,能准确理解风景园林规划、设计不同阶段的任务和制图特点。关于透视图的内容则相对简单些,易于初学者上手。为了使内容便于理解和运用,最为核心的内容被归纳为若干张表格,读者可打印后放在案头,在作图时参考、核对。

第三章介绍了在绘制表现图之前绘图者应做的各项准备工作,包括对绘图环境以及各种工具的详细介绍。

第四章在第二章通用原理的基础上分类讲解针管笔绘图技法、铅笔绘图技法、彩色铅笔绘图技法、马克笔绘图技法。作者以一个教学例子的平面图和透视图系统讲解各种不同绘图工具的用法,读者可以通过比较了解针管笔、铅笔、彩色铅笔及马克笔表现图各自的特点,选取其中一种作为自己比较擅长的绘图技术,其余几种在平时做方案时根据方案的特点尝试运用,经过一段时间的反复练习,最终达到能依据方案构思选择合适表现技法的熟练程度。

第五章以当前国内风景园林行业的制图习惯为依据,分类介绍了风景园林四要素——地形、植被、水体和建筑的图形表示方式和表现技法,其中植被的表现是核心内容,最难掌握,要求读者有一定的植物知识,并能长期坚持练习、实践,方能熟练掌握。

第六章以作者的一个实际项目讲解表现图在风景园林规划设计实践中的综合运用技法,重点阐述规划设计信息如何通过表现图准确地展现出来,表现工具以马克笔为主。通过将学生与作者的透视图进行对比讲解,更为直观地展现了表现图在传达风景园林规划设计信息时的要旨。

本书图文并茂、系统性强,在作为高等院校园林、风景园林及相关专业教学用书的同时,也可供从事风景园林规划设计、环境艺术设计、城市规划、旅游规划等相关专业人员学习和参考。关于如何使用本书,针对不同学科背景、专业基础的读者,作者分别提出如下建议:

1) 高年级的本科生或已有工作经验的专业人员可按目录顺序阅读、练习。

2）园林专业（或风景园林专业）的低年级本科生可按如下步骤学习：

（1）先通读全书，对其中的内容有一个大致的了解，再回到本页细读（2）～（7）的内容。

（2）熟悉图例。结合“设计初步”课程先细读第5章各类要素的表示方法，掌握风景园林行业的习惯画法，尤其是有关植被的内容。

（3）线条练习。细读第2章的“线条加工”、第4章的通用技法以及针管笔技法，练习绘制透视图、剖立面图、平面图，做到线条流畅，等级分明。

（4）设计表现练习。细读第2章的“明度分级”，包括平面图和透视图的表现。低年级的设计作业一般为小尺度园林，平面图图纸深度一般大于1∶500，属于设计，读者按书中设计平面图的线条处理、明度分级用针管笔渲染自己课程作业中的平面图。与此同时，加强练习针管笔单色透视渲染图，练习时多体会通用原理中的透视图“明度分级”原理，并不断复习步骤（2）中的内容。尝试在作业中表现大场景透视，以此培养空间想象和表现能力，切忌绘制小景物如石块、几株树木或一个亭子。本阶段主要学习针管笔单色表现，对铅笔感兴趣的读者，也可练习完铅笔后再进行下一步骤的学习，因为铅笔的明度分级效果十分明显，如能很好地掌握控制图面明度的技巧，对学习彩色渲染很有帮助。

（5）色彩练习。细读第2章的“色彩安排”、第4章的通用技法、彩色铅笔绘图技法及马克笔绘图技法。尝试用彩色铅笔或马克笔进行平面图和透视图的彩色渲染。在学习第4章彩色铅笔绘图技法及马克笔绘图技法时与第5章结合起来练习。

（6）规划表现练习。随着专业学习的深入，学生的课题作业从小尺度的游园逐步过渡到社区公园级别以上的园林绿地，这时的平面图总图的比例一般小于1∶500，带有规划的特点。可以细读第2章“明度分级”、“色彩安排”中与规划平面图有关的内容，并结合第6章尝试综合表现自己的规划方案。

（7）到大三的暑假，主要的专业课已基本学完，有的学生考研，有的学生准备参加工作。利用假期重新细读本书，加深理解，强化技巧，为考研或就职做准备。

3）相关专业的本科生，阅读之前可适当增补一些风景园林规划设计方面的知识，也可以依据自己的专业背景选择性地阅读，比如只读与透视图有关的内容等等。

由于时间仓促，加之作者水平有限，书中难免出现一些纰漏，望读者指正。

编者

二○一二年六月

目　录

1 绪论

本章列举了当前表现技法教与学的若干误区，对表现图作了定性分析，界定了“表现图”及“表现”的含义，阐述了表现图的绘制原则，明确了表现图的类型及图纸内容，为读者理解后面5章的内容理清了概念和思路。

1.1 表现技法教与学的若干误区

1.1.1 “唯美”的表现图

表现技法教学以表现图的审美效果作为主要的训练目标，优美的色彩、流畅的线条和完美的构图是不可或缺的评价因素。在这种教学理念下，有的学生不断练习各种绘画技巧，常因难以画出精美的表现图而发愁，而有的学生则将表现图推向了另一个极端——片面追求图面的构成感和视觉冲击力。这两种学习方式都将原本含有各种信息的表现“图”简单地归结为具有艺术性或某种视觉效果的“画”，严谨的工程数据和规划设计信息让位于美化图面的排线、笔触和色调。

1.1.2 “唯利”的表现图

1）粉饰设计的不足

利用线条、笔触和色彩丰富画面，以弥补苍白的设计内容；利用植物、人物和汽车等配景平衡画面，以弥补空间层次的缺陷。各种所谓的表现技法（其实是绘画技法）使学生掌握了欺骗与自我欺骗的本领，却忽略了最为本质的问题——方案的构思与表达。表现图美观与否应取决于方案本身，而不是单纯地依靠各种绘画技巧美化图面。一个成功的设计，其表现图必然具有设计意义上的美感（图1.1.1），而一张美观的表现图则未必代表一个理想的设计。

图1.1.1 弗兰克·劳埃德·赖特的表现图因设计本身而产生美感

图片来源：WRIGHT F L. Drawings and Plans of Frank Lloyd Wright: the Early Period(1893—1909)[M]. New York: Dover Publications, Inc, 1983.

2）应付考试的技巧

快速设计是园林专业研究生入学考试的科目之一，也常为设计单位招聘人员时所采用。考试的本意是考查应试者的快速构思、设计和图纸表达能力。但人眼的视觉功能是强迫性的，眼睛所看到的事物都会引发人脑的刺激，在不考虑方案优劣的情况下，图纸本身的美感会产生良好的第一印象（经验丰富的设计师能排除这种视觉干扰）。这也是学生将表现图的美观与否等同于方案优劣的根源所在。对表现图的误解致使许多学生平时不注重设计能力的提高，考试前一味地背诵图纸，考试时则套用图纸，将表现技法看作考研和求职的敲门砖。

1.1.3 “神秘”的表现技法

1）模糊的评价用语

教师在点评学生的表现图时往往用“感觉”、“花”、“脏”、“平”等纯艺术的词汇，没有美术基础的学生（尤其是农林院校的学生）难以理解这些用语。其实所谓的“花”、“脏”、“平”对应的无非就是“重点信息不突出”、“颜色纯度过低”、“空间层次不明显”等弊病。这些弊病完全可以通过理性的分析加以克服，与所谓的“感觉”无关。模糊的评价用语使学生理解知识的过程变为揣测甚至碰运气的过程，无形中将教学内容推向了神秘化的境地。

2）随意的绘图步骤

互联网上流传着不少绘制透视表现图的视频，其中一些视频所展示的绘图步骤十分随意，观看者很难理解演示者下一步的动作，演示者的行为过程如果不能被观看者有效地复制，就没有达到应有的示范效果。实际的教学也是如此，绘图的过程往往被解释成某种"感觉"，缺乏必要的逻辑性。绘图步骤的随意性使学生将表现图的绘制看成是一种需要极高的技巧才能完成的工作，这也是各类表现技法书籍和手绘培训班如雨后春笋般冒出的原因之一。

综合以上分析，表现图被看做单纯的"画"，所有教学内容都围绕着"绘画技法"展开，这是表现技法教与学的一个误区。这不仅使表现图偏离了其本质，同时也削弱了学生思考问题的能力，导致学生错误地将画画的能力等同于设计能力，误导了学生的学习方法和专业发展方向。

1.2 表现图的定性分析

在社会上，专业表现已成为一个独立的行业。对此，有观点认为"专业表现是业主和设计师、设计师和设计之间的一种媒介，既然是媒介就有自身的规律，很多与设计并无大的关联"。从表象上看，这似乎解放了设计师的双手，而现实却是设计师常因专业表现公司绘制不出符合其意图的表现图而发愁，因为表现技法不是绘画技法，而是传递规划设计信息的技法。

1.2.1 表现图的本质是一种技术语言

理解表现图的本质首先要了解城市园林绿地从规划到实施要经历的过程。园林绿地的规划设计程序从城市绿地系统规划开始到施工图编制分成多个阶段。首先是城市绿地系统规划，该文件对一个城市中各种城市绿地进行定性、定位、定量的统筹安排。之后，各类大、中型绿地的规划设计一般要经历4个阶段：总体规划、详细规划、扩初设计和施工图设计。园林规划是指综合确定、安排园林建设项目的性质、规模、发展方向、主要内容、基础设施、空间综合布局、建设分期和投资估算的活动；园林设计则是使园林的空间造型满足游人对其功能和审美要求的相关活动。对于小型园林项目而言，可以直接从设计开始。

绿地系统规划图有固定的编制模式，图纸信息以定性为主，并辅以规范、准确的文字说明，不存在阅读上的困难。园林施工图是遵照风景园林制图标准①和行业的习惯画法绘制的正投影(形)图，并标注尺寸和文字说明，图纸信息以定量数据为主，阅读者一般为专业人员。处于这两个阶段之间的园林规划设计图纸则相对复杂：

第一，传阅范围广，阅读者既包括专家、设计师，也包括甲方、公众等非专业人士；

第二，约束性强，图纸对下一轮工作具有明确的指导和约束作用，是各阶段工作的依据；

第三，具有不确定性，每一阶段的图纸只能完成本阶段的任务，需要下一阶段的工作将设计深度加以推进，因此图纸始终存在着不确定性。

为了使这类规划设计图纸更容易被甲方、公众等非专业人士理解，提高交流的效率；为了使从事下位规划设计的专业人员能准确把握上位规划设计图纸的意图，使之能在不同工作阶段得到贯彻，而将图纸进行某些技术处理，使其易于阅读和理解，这个处理过程称为"表现"，经过表现技术处理的图纸称为"表现图"。从这个角度来说，表现图是用于促进表达和交流的"图样"，本质上应是技术语言②中的一种类型。

1.2.2 表现图的绘制原则是有效、清晰地传递信息

通过界定表现图的相关定义明确了表现图是由各种规划设计信息构成的"图样"而非"画"。在此基础上，表现图的绘制原则可以总结为两个方面：

---

① 现行可参考的制图标准有《风景园林图例图示标准》(CJJ 67—95)、《房屋建筑制图统一标准》(GB/T 50001—2010)、《总图制图标准》(GB/T 50103—2010)和《建筑制图统一标准》(GB 50104—2010)等。

② 技术语言(technological language)是指在技术活动中进行信息交流的特有的语言形式，包括图样、图表、模型、符号、手势等多个种类。

1） *有效地传递信息*

用墨线（无论是手绘或是计算机制图）绘制的表现图能正确地传递具有实际效力的信息，包含 3 层含义：

首先，图纸必须遵照风景园林制图标准和行业的习惯画法绘制；

第二，图中所有图形对下一阶段的工作具有控制、指导和说明的功能，比如限定场地的功能及空间布局、景观特征等内容，应杜绝任何无用的信息；

第三，所有信息是准确或者精确的（一般说来，比例小于 1∶500 的图纸称为准确，比例大于 1∶500 的图纸称为精确）。

2） *清晰地传递信息*

在信息有效的基础上，进一步利用表现技法将信息清晰地分类别、分层次展现出来。分类别是指使不同信息具有识别性，以帮助阅读者迅速把握各类信息的特点，比如道路系统、建筑布局、植被规划等。分层次是指将信息分出主要信息和次要信息，引导阅读者在读图时建立一种逻辑顺序：先读主要信息，再读次要信息。信息的清晰传递使专业人员始终能把握上一阶段成果的核心内容，从而使各阶段的图纸在规划设计理念、空间特征等各方面保持连续性，并贯彻至最终的施工图。如图 1.2.1 所示，一张 1∶500 设计深度的彩色平面图对背景林、观赏林、孤赏树的配置，近景、中景、远景的层次分布，空间的疏密开合以及对游人视线的引导方式作出了明确详细的限定，用以指导扩初设计阶段的种植设计。

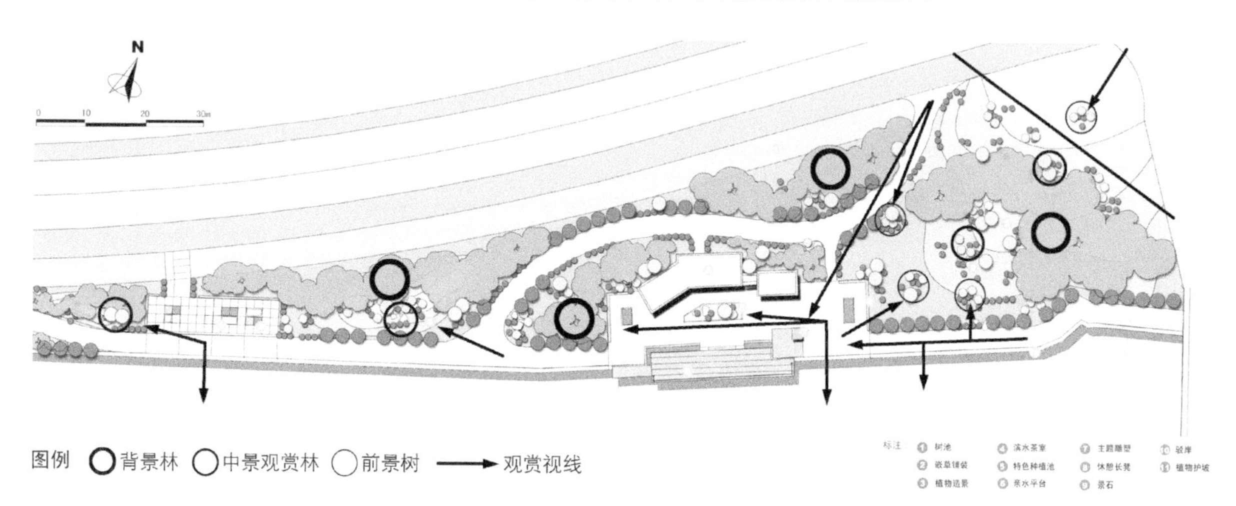

图 1.2.1　图中的植物设计对下一阶段的工作有直接的指导作用

图片来源：原图为项目组研究生绘制，红色分析符号为作者所加

1.3　表现图的类型及相关概念

在了解各类表现图特点之前，应先熟悉两个概念：比例和图例。平面图由于图纸幅面的限制，要采用“比例”来绘制图纸，在同一张图纸中如果要绘制一个大尺度场地，须采用小比例绘制；反之则采用大比例。图纸比例越大，表现的细节越多，所以图纸比例在一定程度上反映了规划设计深度，1∶500 是一个临界值，用于区分“规划”和“设计”，图纸比例大于 1∶500 的可视作设计，小于 1∶500 的则为规划。由于比例的缘故，平面图不可能完全按照物体的真实形状进行描绘，要采用一些经国家标准或行业内约定俗成的简单而形象的图形来概括规划、设计意图，这种图形称为“图例”。图例的形象程度与图纸比例成正比，比例越大，图形越具体、形象，反之则概括、抽象。一张平面图如不加标注及辅助说明，可以发展出多种完全不同的空间形态。

表现图并非局限于透视图一种类型，平面图、立面图、剖面图和轴测图均可作表现处理，并各自承担着不同的功能：

（1）平面图　表示整个园林的布局和结构，即道路、场地、建筑、水体、绿化之间的空间位置、组合关系以及园林与周边城市环境的关系。对于一个园林项目而言，按规划设计深度的不同，平面图可以划分为规划平面图和设计平面图；按图纸表现的内容和范围来分，可以分为总平面图和局部平面图。在各类表现图中，平面图最重要，也最难掌握。

（2）剖面图、立面图　主要用于表达场地的地形、竖向、垂直交通、空间层次及构造等信息，剖面图一般应包括园林建筑或小品。

（3）透视图　主要用于直观地表现场地的使用功能、景观特征及场地与周边环境的功能、景观、交通等关系，与平面图、立面图相比，透视图更直观，更有立体感。

（4）轴测图　分为整体鸟瞰、局部轴测、单体轴测，主要用于直观地表现场地空间关系或作为工程辅助用图。

2 通用原理

本章所阐述的表现技法原理适用于任何表现工具，包括针管笔、铅笔、马克笔、彩色铅笔、水粉、水彩、计算机绘图软件等，是深入学习表现图绘制方法的基础。

绘制表现图的目的是最大限度地显现风景园林规划设计信息，使其易于被理解和传阅。从这个意义上说，平面图、立面图、透视图、轴测图没有本质差异，铅笔、针管笔、马克笔、彩色铅笔、水粉、水彩、计算机软件等表现技法也没有本质差异，都具有相通的原理。本章的"通用原理"将各类表现图的绘制原理统一在一个理性的体系下。经过多年的实践，作者发现无论绘制哪种表现图或使用哪种绘图工具，要使表现图凸现信息，归根结底离不开 4 条原理：线条加工、明度分级、色彩安排和阴影绘制。

2.1 条件设定

在阐述这 4 点原理之前，对透视表现图单独予以说明。绘制透视表现图都会遇到一些技术问题：如何表现空间的距离；如何控制画面的明度；如何安排画面的色彩。以往，人们把这些问题和艺术联系在一起，以经验或感觉处理这些问题，画面效果取决于绘图者的绘图经历和艺术天分。其实，要解决这些问题，不能完全从艺术的角度研究，而要回到表现图所描绘的对象上来。

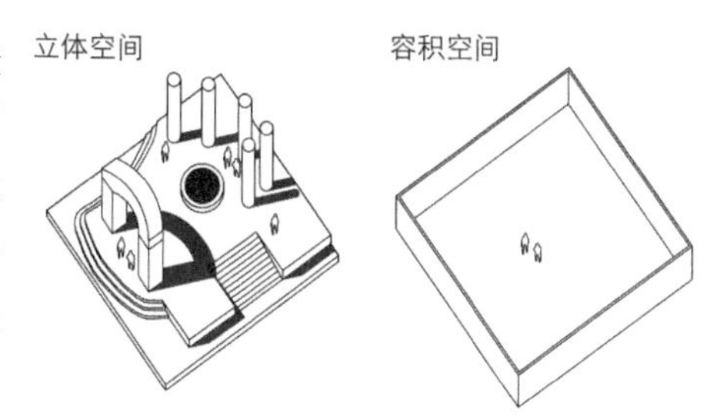

图 2.1.1 立体空间和容积空间

图片来源：自绘，AutoCAD绘制

画面中的表现对象一般分为前景、中景和远景 3 个层次，中景为重点描绘的对象，是画面的视觉焦点所在。在现实中，中景往往以两种形态出现：实体和空间，有文献称之为"立体空间"和"容积空间"（图 2.1.1）。立体空间是指场地中有建筑物或者构筑物；容积空间是指场地以一个具有四周边界的空间为存在形态。当中景是实体时，如何在图中表现出实体的重量感、体积感是难点；当中景为空间时，如何在图中表现空间的层次和距离是难点。本章的明度区分、色彩安排这两条原理中有关透视表现图的内容就是基于这种园林空间的分类方法。

2.2 线条加工

绝大多数表现图都要依靠线条来勾勒对象的形体、边界和轮廓。但如果不对表现图中的线条加以处理，阅读者很难从中分离出各类不同的信息，在信息量大的情况下会大幅度增加其读图时的视觉疲劳。因此，对线条的加工处理是将信息清晰地表现出来的第一步，通常采用的方法是使线条区分不同的线型和粗细等级（线宽）。当前我国尚无专门的风景园林制图标准，可参考的制图标准有《风景园林图例图示标准》（CJJ 67—95）、《房屋建筑制图统一标准》（GB/T 50001—2010）、《总图制图标准》（GB/T 50103—2010）和《建筑制图统一标准》（GB 50104—2010）。这些标准对线型和线宽有着明确的规定，线型可直接使用，但线宽主要针对建筑和城市规划等行业设置，需要适当的改造。

线宽有 3 个作用：一是在平面图中区分信息的主次，使阅读者易于把握核心、本质的信息；二是在剖面图中区分主要构造和次要构造；三是在立面图和透视图中增强物体的立体感及表现物体之间的空间距离。线宽一般分为 3 个等级：粗线、中线、细线，线宽比为 $b:0.5b:0.25b$。

2.2.1 平面图的线宽

线宽对平面图的意义最大，因为平面图所含的信息量最丰富，而且不同规划设计阶段的平面图有一定的差异。平面图中线条等级的划分方法根据规划与设计两个不同阶段分别制定(图 2.2.1,图 2.2.2)。规划平面图的线宽可完全参考《总图制图标准》(GB/T 50103—2010),绘制结果应使建筑、道路、水体、植被、场地等关系明确。设计平面图基本参考《总图制图标准》(GB/T 50103—2010),但根据图纸绘图比例、图纸的重点作适当调整,见表 2.2.1。

表 2.2.1　线宽表

图纸类型	名称	线宽	用途
规划平面图	详见《总图制图标准》(GB/T 50103—2010)		
设计平面图	粗线	b	(1) 水体驳岸外轮廓线 (2) 建筑物的轮廓线,如果画出建筑底层平面,参考《建筑制图统一标准》(GB 50104—2010)
	中线	$0.5b$	(1) 构筑物、道路、桥涵、边坡围墙、挡土墙、排水沟及各类园林小品的轮廓线 (2) 场地的分界线、尺寸起止符号 (3) 乔、灌木的外轮廓线、山石的外轮廓线
	细线	$0.25b$	(1) 图例线(铺装的填充、植物的枝杈、山石的石纹、草地等) (2) 中心线、定位轴线、对称线、等高线、水体等深线、常水位线 (3) 坐标网线、尺寸线、尺寸界线、引出线、索引符号
备注	(1)《建筑制图统一标准》(GB 50104—2010)将 b 定为粗线,$0.7b$ 为中粗线,$0.5b$ 为中线,$0.25b$ 为细线。风景园林表现图线宽有 3 个级别即可,在施工图的详图中可细分为 4 个级别。 (2) 风景园林规划平面图与设计平面的线宽区别主要为:一般情况下,规划平面图中的植被轮廓应使用细线($0.25b$),设计平面图中的植被轮廓使用中线($0.5b$),图纸比例较大的规划平面图酌情参考设计平面图。表中未能详尽的部分参考国家现行制图标准		

表格来源:自绘

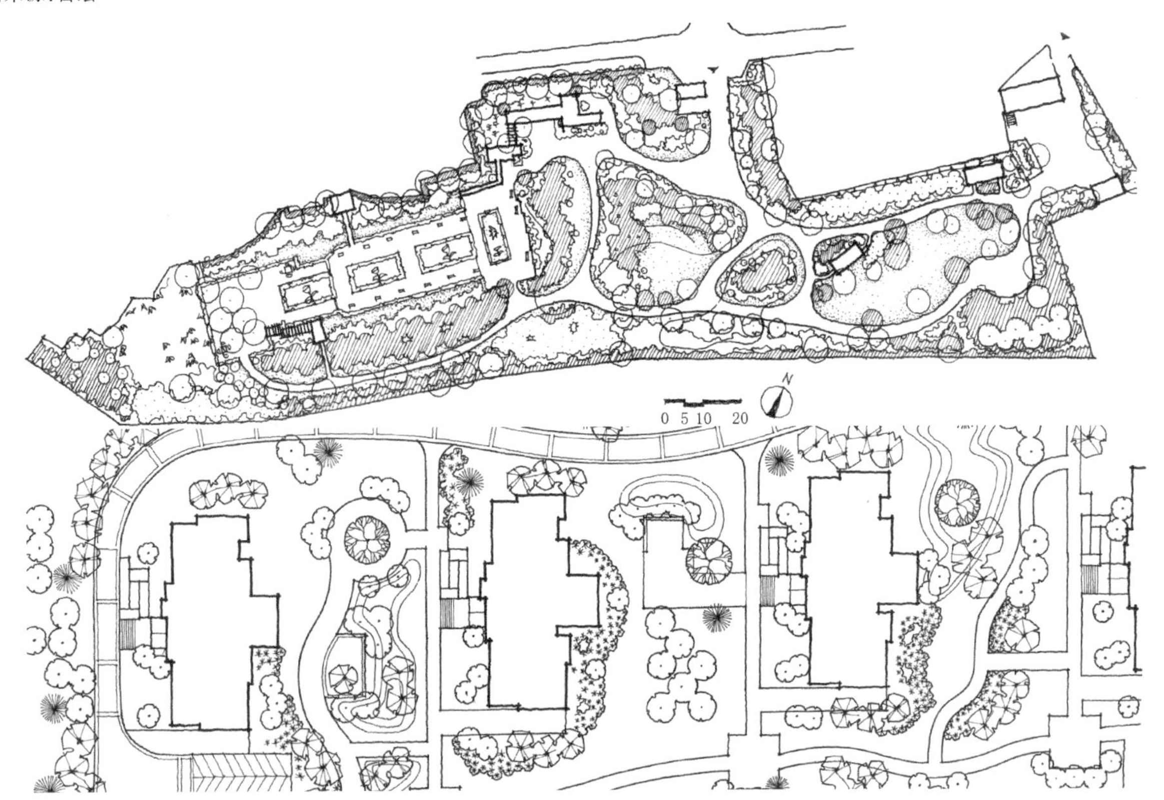

图 2.2.1　规划平面图的线宽设置举例:上图图纸比例小,采用规划图线宽,下图虽为规划图,但图纸比例大,采用设计图线宽

图片来源:自绘,针管笔绘于复印纸

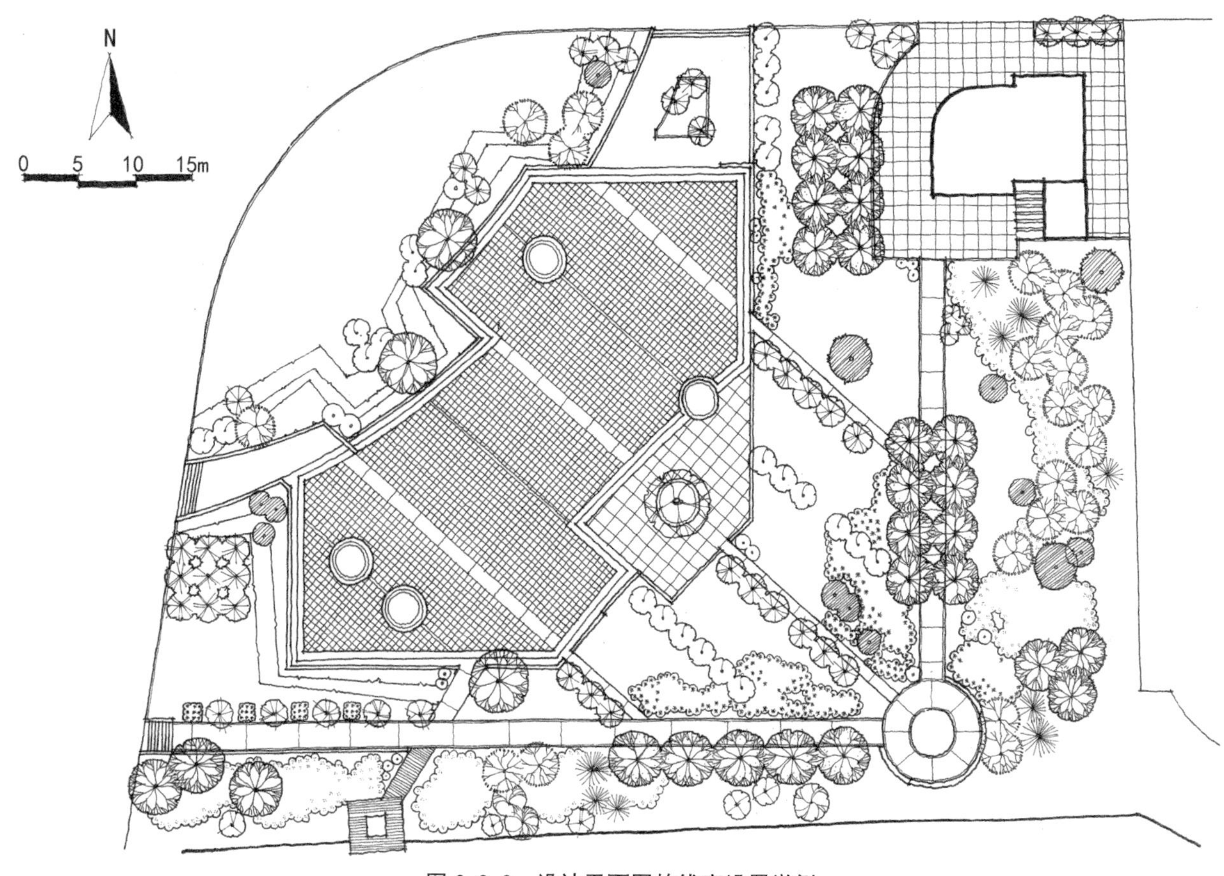

图 2.2.2 设计平面图的线宽设置举例

图片来源：自绘，针管笔绘于复印纸

2.2.2 透视图的线宽

通常情况下，透视图只采用一种线宽，线条不宜过细，大幅面透视图采用中线绘制，小幅面透视图宜用细线。有时为了加强所绘物体的立体感或表现物体前后之间距离感，可以采用不同的线宽，分以下两种情况：

(1) 如果中景为立体空间，为表示其立体感，采用粗线描绘其外轮廓，前景、远景用中线，突出建筑物或构筑物的立体感(图 2.2.3)；

图 2.2.3 透视图线宽设置举例(立体空间)

图片来源：自绘，针管笔绘于复印纸

(2) 如果中景为容积空间，前景和中景用中线，前景物体的外轮廓以粗线勾勒，远景可采用细线绘制，拉开三者之间的空间距离感(图 2.2.4)。

图 2.2.4 透视图线宽设置举例(容积空间)

图片来源：自绘，针管笔绘于复印纸

2.2.3 立面图的线宽

立面图中的线宽分 3 个等级：

(1) 粗线 被剖切到的构造，建筑物、构筑物和山石的外轮廓线；

(2) 中线 离视点近的物体轮廓线；

(3) 细线 离视点远的物体轮廓线、图例线、中心线、定位轴线、对称线、尺寸线、尺寸界线、引出线和索引符号等。

在有些情况下，空间中有前后位置关系的物体，在某个方向上的立面可能会出现重叠、遮挡的问题，这种情况也可用线宽加以区分景物的前后关系(图 2.2.5)。

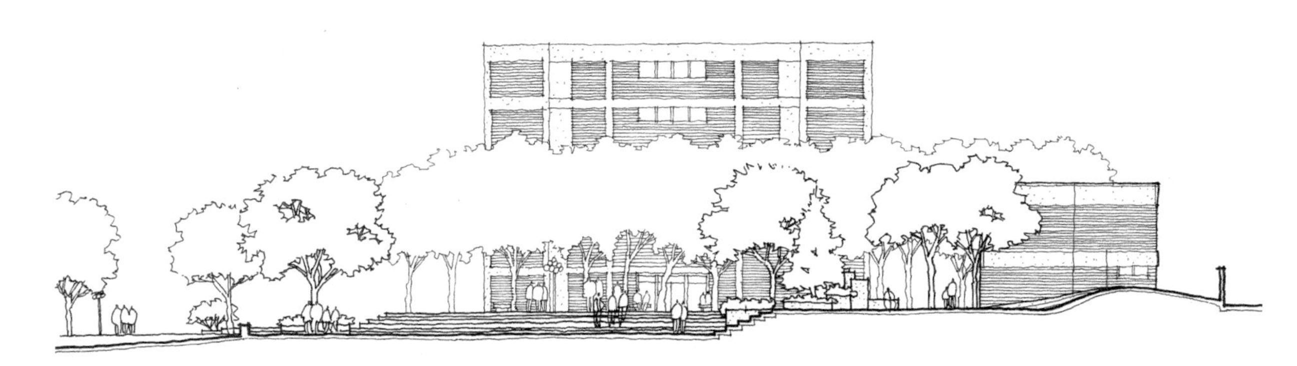

图 2.2.5 剖面图、立面图线宽设置举例

图片来源：自绘，针管笔绘于复印纸

2.3 明度分级

如果说线条加工是以"线"的形式强化图中不同信息的轮廓，那么明度区分则是以"面"的形式进一步清晰地表现信息。简单地说，明度可以理解为画面某一区域的亮度，无论是彩色还是无彩色都有明度，线条的聚集也会形成某种级别的明度。如果将画面的明度分成黑、灰、白等 3 个不同等级，图面的信息将易于区分和归类，便于观看者识别。在某种意义上，明度关系比色彩关系更重要。

2.3.1 平面图的明度分级

平面图的明度划分为黑、灰、白 3 个层次，与其线宽设置一样，要区分规划与设计两种不同的类型（图 2.3.1）。

图 2.3.1 平面图的明度分级原理

图片来源：自绘，AutoCAD、Photoshop 绘制

1）规划平面图

规划图中的信息较抽象、简单，作用以定性为主，表现的场地尺度大，重在表现道路、绿地、场地、水体、建筑之间的布局关系。黑、白、灰 3 个明度等级划分重点在于区分不同类别的信息，并突出那些重要但图形面积较小的信息。规划图纸中占比例最大的部分如草地、铺装为灰色层次；道路、建筑小品等不宜表达清晰的信息为白色层次；对景观格局起决定性影响的部分如水面、水渠等为黑色或深灰色层次（图 2.3.2）。

图 2.3.2 规划平面图的明度分级

图片来源：自绘，AutoCAD、Photoshop 绘制

2）设计平面图

设计图中的信息较具体，多细节，作用以定量为主，表现的场地尺度小，重在表现设计细节，难点在于区分相似的信息。黑、灰、白 3 个明度等级重点在于区分相同类别的信息，并突出那些重要但图形面积较小的信息。墙体、道牙、树池边界等重要信息为白色层次；铺装、植被、水体等为灰色层次，并作为图面的基底；物体的投影为黑色层次，以显现白色的关键信息。在此基础上，灰色层次可根据需要再进一步细分灰度，比如不同植物图例之间的区分。需要指出的是，在单色渲染图中的乔木图例明度应适当高些（图 2.3.3）。

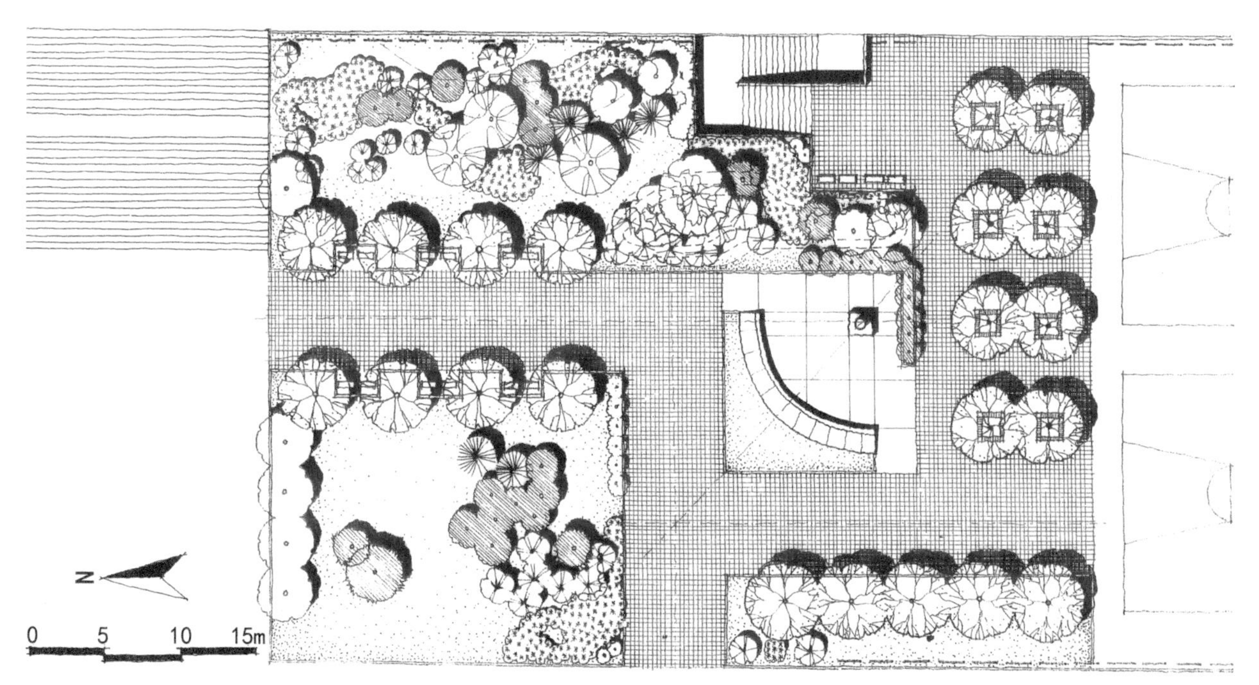

图 2.3.3 设计平面图的明度分级

图片来源：自绘，针管笔绘于复印纸

2.3.2 透视图的明度分级

将前景、中景和背景分别赋予一个不同等级的明度,即黑、灰、白,并结合前面关于透视图的两种分类方法,构成两个明度分级模型(图 2.3.4)。

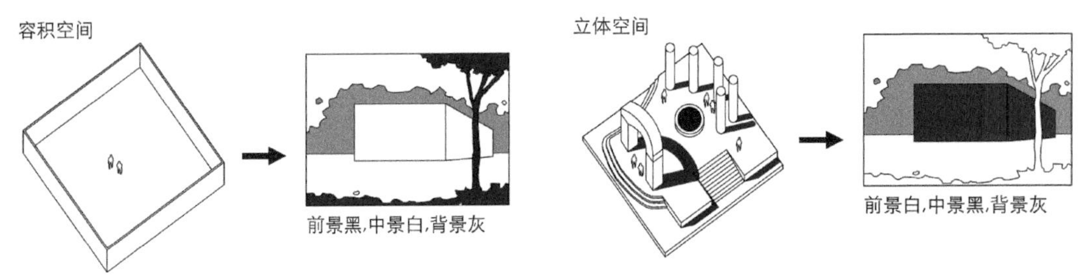

图 2.3.4 透视图的明度分级模型

图片来源:自绘,AutoCAD、Photoshop 绘制

模型 1:实体——白、黑、灰。在这个模型中,中景是实体。前景为白,中景为黑,背景为灰。中景画黑,能有效表现出建筑物或构筑物的体积感和重量感(图 2.3.5)。

图 2.3.5 立体空间透视图的明度分级:白、黑、灰

图片来源:黄为隽.建筑设计草图与手法:立意·省审·表现[M].天津:天津大学出版社,2006.

模型 2:空间——黑、白、灰。在这个模型中,中景为空间,前景为黑,中景为白,背景为灰。中景画白能有效地表达出场地的光感(图 2.3.6)。

图 2.3.6 容积空间透视图的明度分级:黑、白、灰

图片来源:自绘,铅笔绘于草图纸

黑、灰、白只是在大体上区分了空间层次，但是要把画面的视觉焦点集中在中景还需要利用另一个方法：对比。一个物体在某个光源的照射下，会出现高光、亮部、次亮部、暗部和影子，这些内容形成的关系称为“明暗对比”(图 2.3.7)。为了将画面的焦点集中在中景，中景中的“明暗关系”应是完整的，前景为了衬托中景应减弱“明暗对比”，背景由于空气透视的缘故，“明暗对比”很弱。如果画面中每一个物体都完整地画出“明暗对比”，或者前景、中景和背景的明暗对比不分主次，那么画面将变得混乱不堪。综合以上内容，可以归纳出表 2.3.1。

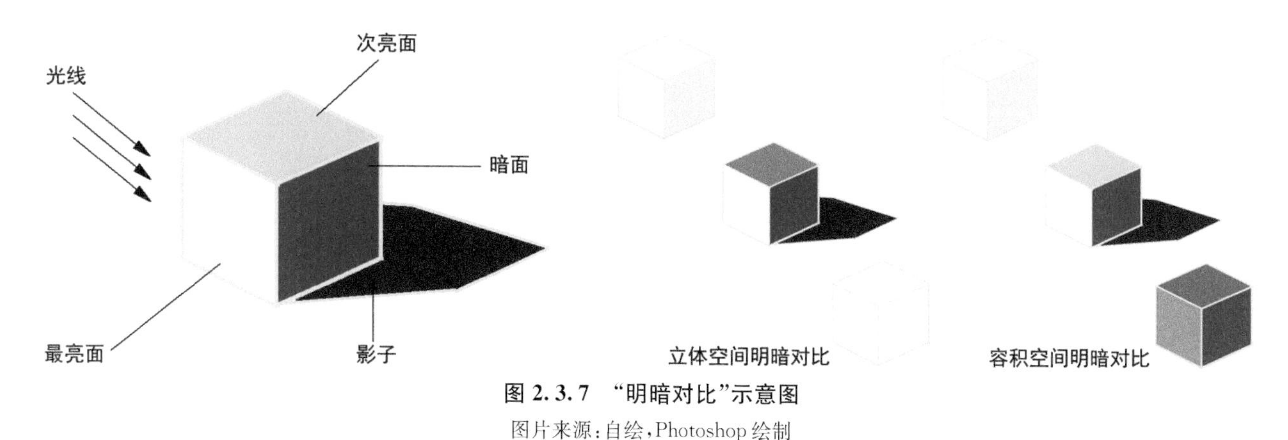

图 2.3.7 “明暗对比”示意图

图片来源：自绘，Photoshop 绘制

表 2.3.1 透视图的明度分级及明暗对比关系表

空间类型		近景	中景	远景
“立体空间”	功能	显示近景与中景之间的空间距离	主要的表现对象，以表现实体体积感为主	衬托中景，交代中景所处的环境
	明度(调子)	白	黑	灰
	对比度	对比度低或无对比	对比强	对比度低或无对比
“容积空间”	功能	显示近景与中景之间的空间距离	主要的表现对象，以表现空间的功能为主	衬托中景，交代中景所处的环境
	明度(调子)	黑	白	灰
	对比度	对比度低或无对比	对比强	对比度低或无对比

表格来源：自绘

需要注意的是，在下面 3 种情况下中景为立体空间，明度仍按照容积空间模型进行分级：

(1) 中景为风景建筑，不需要强调建筑物的体量感(图 2.3.8，图 2.3.9)；

(2) 位于前景与中景建筑物、构筑物之间的内容有较强的功能，需要详细刻画；

(3) 为了突出整体的空间效果，如前景与中景的空间层次，前景的框景效果，使中景获得强烈的光照效果。

立体空间

前景黑,中景白,背景灰

图 2.3.8　立体空间运用容积空间明度模型举例 1

图片来源:自绘,马克笔绘于复印纸

立体空间

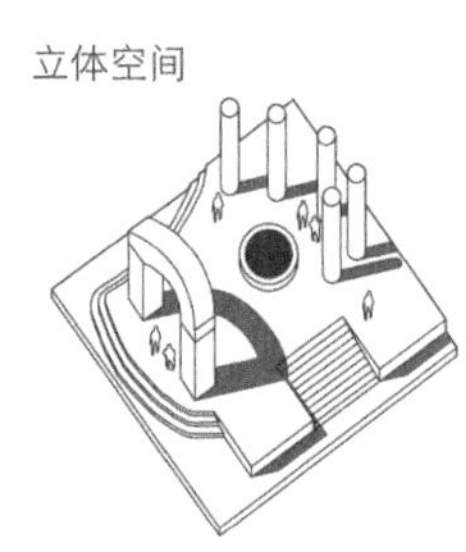

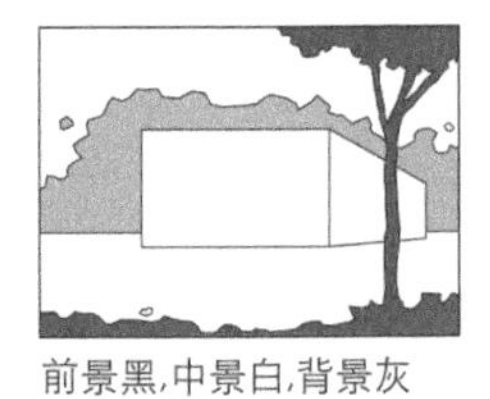

前景黑,中景白,背景灰

图 2.3.9　立体空间运用容积空间明度模型举例 2

图片来源:彭一刚. 建筑绘画及表现图[M]. 2 版. 北京:中国建筑工业出版社,1999.

2.4　色彩安排

表现图的上色原理并不等同于静物色彩画法,不能完全从色彩艺术的角度理解园林表现图的色彩,因为图中的色彩除了表现实物的色彩之外还有区分、凸现和说明信息的功能。具体方法以前面论述的明度分级原理为基础。

2.4.1 平面图

一般采用与实物相近的色彩，以相似色表示同类信息，对比色区分不同类别的信息；纯度低的色彩用于表现基本信息；纯度高的色彩用于表现重点信息。

1）规划平面图

规划平面图中的色彩表现应加大不同类信息之间的色彩对比，缩小同类信息之间的色彩差异，比如道路、绿地、场地、水体、建筑等不同性质元素的色彩差异要明显，而绿地中不同植物图例之间的色彩差异应减弱。结合前面的规划平面图明度分级原理，通过纯度和冷暖对比区分不同类信息，占大面积的色块应保持近似的纯度和冷暖色调，作为图面基底，面积小但重要的信息以高纯度色彩表示，但要控制其数量（表2.4.1，图2.4.1）。另外，如果表现图中涉及城市用地色彩，应根据国家规范使用相应的颜色。一般说来，建筑可以采用鲜艳的红色表示，一方面使规划图中图形面积较小的建筑容易被注意到；另一方面可以帮助设计师控制园林中建筑的数量，当图中的红色过多、过大时，便意味着这张规划图中建筑的数量、规模可能超标了。园林中建筑的数量和规模的有关规定可参考我国现行的《公园设计规范》（CJJ 48—1992）。

表 2.4.1 规划平面图色彩关系表

<table>
<tr><th>平面图类型</th><th colspan="2">要素</th><th colspan="2">明度</th><th>纯度</th><th>冷暖</th></tr>
<tr><td rowspan="6">规划平面图</td><td colspan="2">各级道路</td><td>极高，一般留白</td><td>白</td><td></td><td rowspan="6">图面在整体上以冷调或暖调为主，需要突出的部分可偏向与整体相反的调子。以冷暖色区分信息的作用在规划图中不如纯度明显</td></tr>
<tr><td colspan="2">场地</td><td>高，比道路低</td><td>白</td><td>适中</td></tr>
<tr><td rowspan="2">绿地</td><td>草地</td><td>适中</td><td rowspan="2">灰</td><td>适中</td></tr>
<tr><td>乔、灌木</td><td>适中，比草地深</td><td>适中</td></tr>
<tr><td colspan="2">建筑</td><td></td><td>白或黑</td><td>高</td></tr>
<tr><td colspan="2">水体</td><td>低</td><td>黑或深灰</td><td>适中</td></tr>
</table>

表格来源：自绘

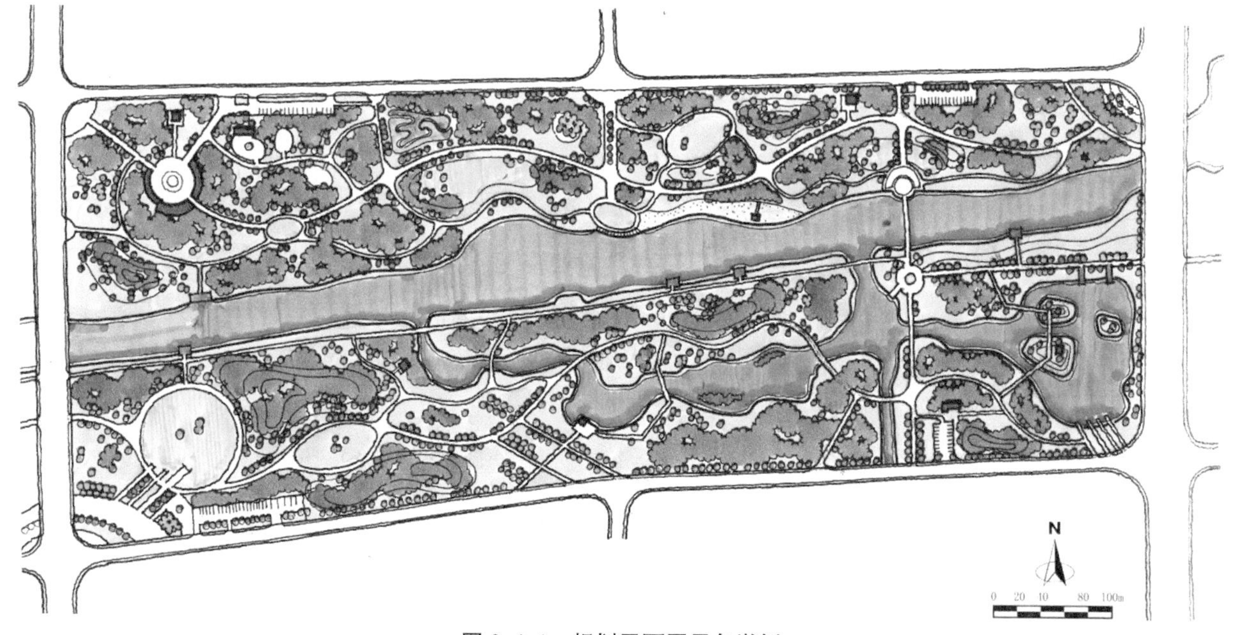

图 2.4.1 规划平面图用色举例

图片来源：自绘，马克笔绘于草图纸

2）设计平面图

设计平面图中的色彩表现侧重于区分同类信息，整体上所有元素的色彩在纯度上应大致保持相同，以获取图面的统一。结合前面的设计平面图明度分级原理，通过色相细分不同类信息（表2.4.2，图2.4.2）。

对于需要强调的信息，在图中以突出的色相标示，但也应控制其数量，过多则令人眼花缭乱。

表 2.4.2　设计平面图色彩关系表

平面图类型			明度		纯度	冷暖
设计平面图	道路		较高	白	留白或适中	图面在整体上应有冷暖倾向
	绿地	草地	较高	灰	适中或略低	
		一般乔、灌木	适中		适中	
		重要乔、灌木	适中，比一般乔、灌木深		较高	
	场地	一般铺地	适中	灰	适中	
		重要铺地	高	白	适中	
		铺装分割线	较高	白	适中	
	建筑或构筑物（包括景观墙体）		较高或较暗	白或黑	较高	
	墙体（功能性的）、花池、道牙等		极高，一般留白	白		
	水体		低	黑或灰	适中	

表格来源：自绘

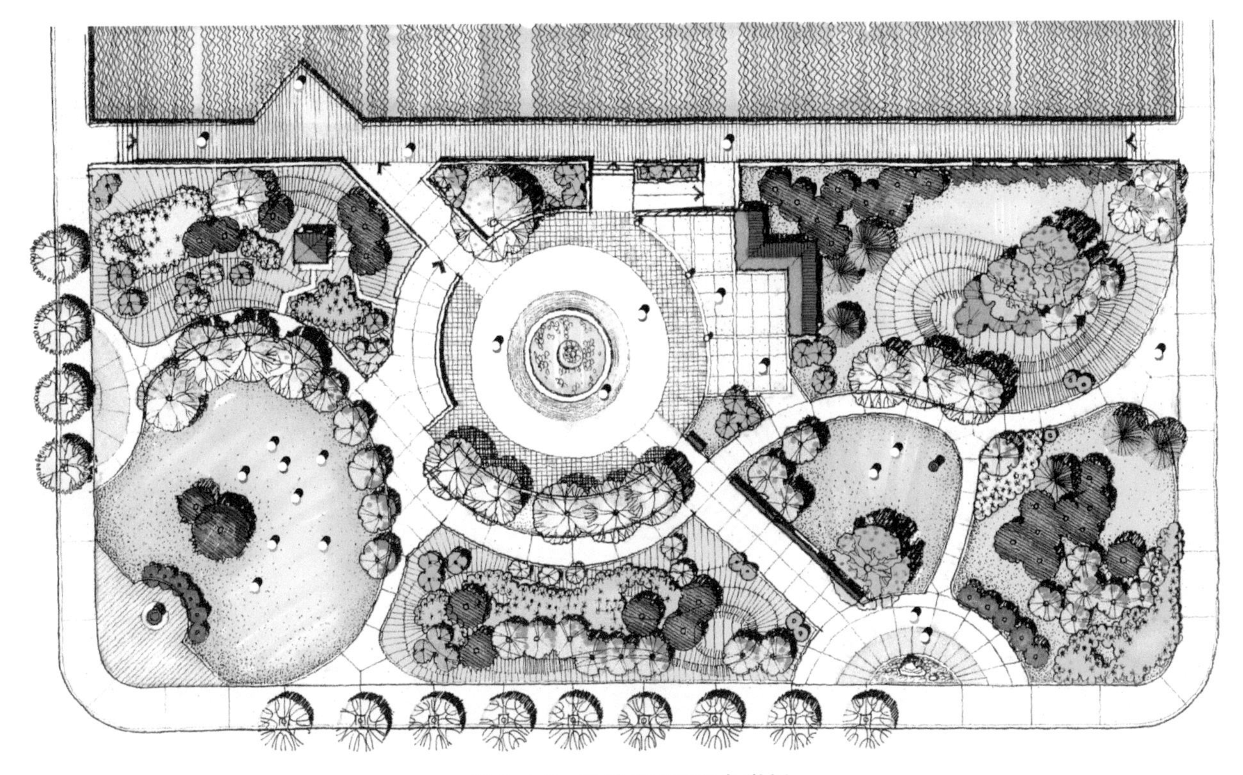

图 2.4.2　设计平面图用色举例

图片来源：自绘，马克笔绘于复印纸

2.4.2　透视图

红、黄、蓝是三原色，它们可以混合成无数种颜色。颜色混合次数、种类越多，得到的颜色的纯度就越低。一个物体在某个光源的照射下，亮部、次亮部、暗部和影子的色彩冷暖不同。如果光源的颜色为暖色，那么物体的亮部、次亮部的颜色为暖色，暗部和影子为冷色。在空间里，离眼睛远的物体由于空气透视，其色彩趋于冷色，偏蓝灰；离眼睛近的物体纯度高，远的物体纯度低。在阳光的照射下，中景充满阳光，颜色为暖色、纯度高；前景处于阴影下，颜色为冷色，纯度高；背景由于空气透视为冷色、纯度低（图 2.4.3）。如果再结合前面透视图明度区分原理，可以形成表 2.4.3。对于不是很熟练的绘图者（初学者）来说，可以在绘图时将两张表格放在旁边作参考之用，在作画过程中可以依据表格中的内容对画面进行调整，直至符合要求为止(图 2.4.4)。

表 2.4.3　透视图色彩关系表

空间类型		近景	中景	远景
“立体空间”	明度	白	黑	灰
	冷暖	冷	暖	冷
	明暗对比	对比度低或无对比	对比强	对比度低或无对比
	纯度	高	高	低
“容积空间”	明度	黑	白	灰
	冷暖	冷	暖	冷
	明暗对比	对比度低或无对比	对比强	对比度低或无对比
	纯度	高	高	低

表格来源：自绘

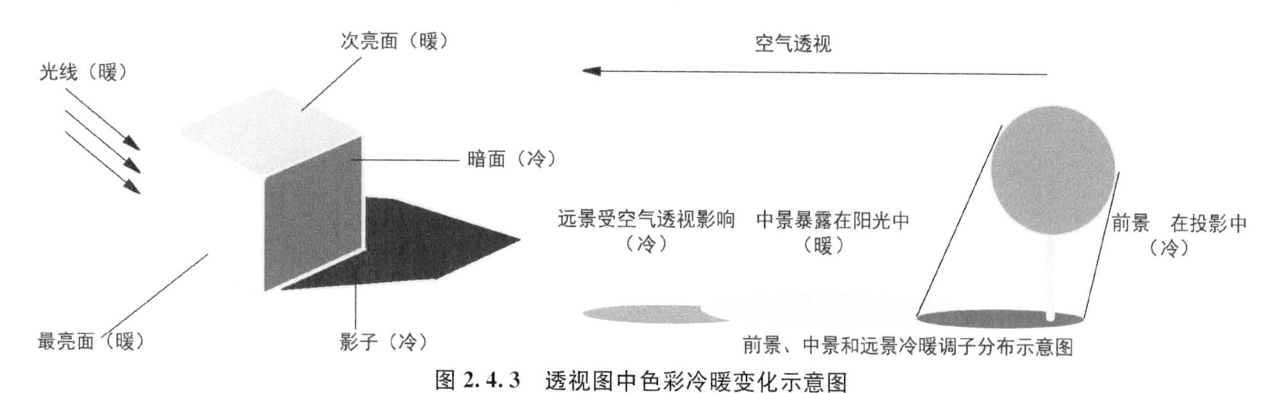

图 2.4.3　透视图中色彩冷暖变化示意图

图片来源：自绘，Photoshop 绘制

背景冷色
纯度低
对比度弱

中景暖色
纯度高
对比度强

前景冷色
纯度高
对比度弱

图 2.4.4　透视图色彩安排举例

图片来源：自绘，马克笔绘于复印纸

2.5 阴影绘制

在制图学中，阴影包括“阴”和“影”两个部分，“阴”是指物体不受光照的部分，“影”是指物体受光时在承影面上投下的影子。在平面、立面的表现图中“影”的表现能使二维的图纸具有立体感和空间感，使图纸显得直观、易懂。在透视图中，阴影的表现使画面具有立体感、空间感和真实感。

2.5.1 平面图中“影”的绘制

“影”对于园林平面图的表现至关重要，“影”可以标示出物体的高程差异、地形变化和建筑物、构筑物的形状，应注意以下几点：

(1) 在平面图中，依据制图学原理和场地指北针的指向，设定光线从某一个方向射来，其水平及垂直投影角均为45°。

(2) 在设计平面图中应尽可能准确绘制平面中的“影”，使其具有可度量性，真实反映物体的部分形状和尺寸；在规划平面图中的“影”其形状具有示意性即可，但各物体影子长度应保持同一比例，以辅助说明物体间的高度差。另外，“影”的方向必须一致。

(3) 在规划平面图中“影”要最深，使那些图形面积较小的信息具有强烈的黑白对比(图2.5.1)；在设计平面图中，不同“影”的明度可以细分，次要物体的“影”浅，重要物体“影”深。

(4) 彩色平面图中的“影”的色相一般为承影面的固有色加深后的颜色，有时为突出表现物体的“影”的效果，可直接采用黑色、深灰色或黑色略作透明处理。

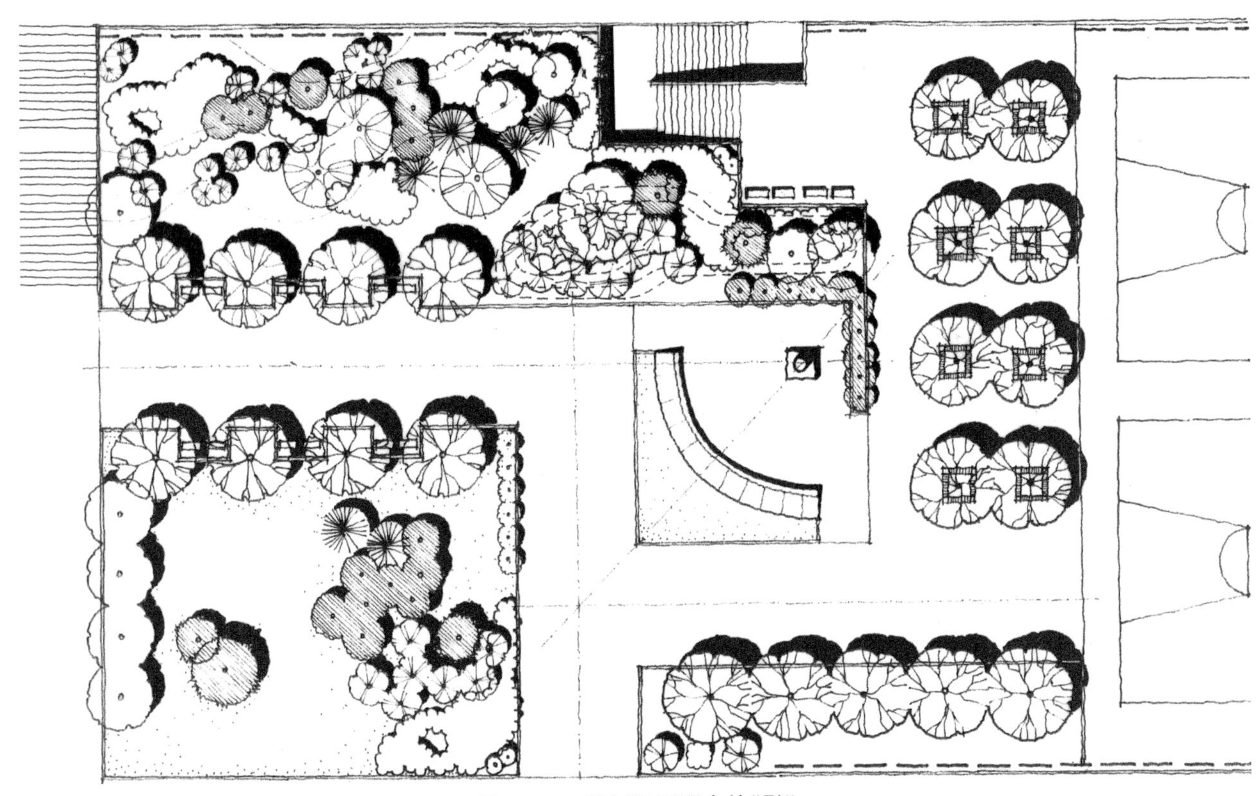

图2.5.1 规划平面图中的“影”

图片来源：自绘，针管笔绘于复印纸

2.5.2 立面图中阴影的绘制

园林立面图一般由植被、地形(包括山石)、建筑或小品构成，其中建筑和小品的“影”应以建筑制图的要求准确表达，植被、山石等自然元素的“影”则示意即可。

(1) 与平面图一样，立面表现图中对光线的角度也有着明确的规定，即假定光线从画面的左上方照来，其水平及垂直投影角均为45°。

(2) 园林立面图中表达的内容通常可分为主景和背景，主景的“影”明度要深，与物体一起构成的明暗对比要强烈；背景的“影”的明度要浅或者不画。在图2.5.2中，重点表现的是广场，建筑作为背景，其影子的明度应适当降低，用灰色表现，拉开背景和中景景物的空间距离。

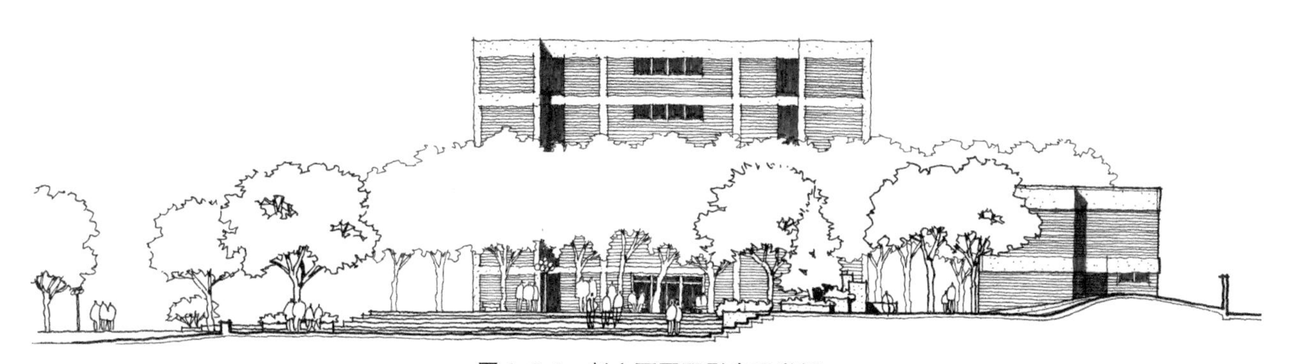

图2.5.2　剖立面图阴影表现举例

图片来源：自绘，针管笔绘于复印纸

2.5.3　透视图中阴影的绘制

透视图中，光线的投射角度需要绘图者自己设定。透视阴影的求法比起平面、立面阴影要复杂得多。在园林透视图的实际绘制工作中，由于图中以植被、山石、水体等自然要素居多，因此不必严格地按照阴影透视的求法来画，所画阴影的轮廓只需大体符合阴影透视原理即可。但如绘制园林建筑表现图，应力求将阴影画得准确些。除了阴影轮廓的要求之外，还应结合前面所描述的明度区分原理和色彩原理(图2.5.3)。

(1) 阴影的对比及明度　前景、中景、背景阴影的明度依照明度区分原理，在黑白灰模式中，前景阴影黑、中景阴影黑，背景阴影灰或无；在白黑灰模式中，前景阴影浅或无，中景阴影黑，背景阴影灰或无。前景、背景阴影对比关系弱化或取消，中景阴影关系表现完整、强烈。

(2) 阴影的衰减　中景的阴影对比关系及明度随着距离产生衰减变化，表现空气透视。

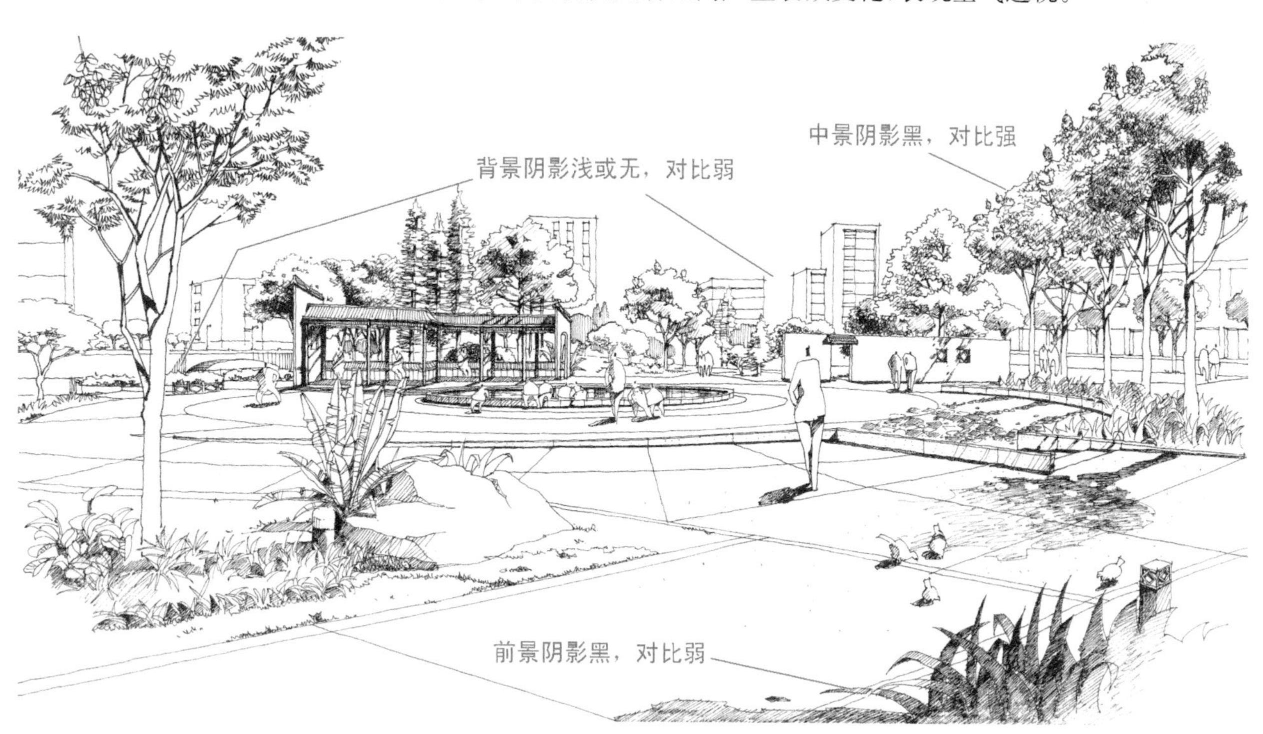

图2.5.3　透视图中阴影表现(容积空间)

图片来源：自绘，针管笔绘于复印纸

3 准备工作

“工欲善其事，必先利其器”。在绘制表现图之前，绘图者应做好充分的准备工作，尤其是初学者。良好的绘图环境和合适的工具材料是绘图工作得以顺利展开的前提条件。

3.1 绘图环境

表现图的绘制过程较为繁复，需要有一个较好的绘图环境。不合适的坐椅，杂乱的桌面，昏暗的光线，摆放位置不合适的工具，都会给绘图者带来麻烦，增加疲劳，延误时间，形成恶性循环。因此，在绘图之前不妨先整理好绘图环境：首先合理安排绘图时间，尽量安排在白天光线充足的情况下绘图，尤其在上色时最好在北面光线充足、稳定的房间；第二，选择绘图所需的工具；第三，收拾绘图桌，按照个人习惯摆放绘图工具；第四，选择高度合适的坐椅。明亮舒适、整齐有序的绘图环境有助于绘图者保持轻松、愉快和自信的心理状态，是提高绘图效率的前提条件(图 3.1.1)。

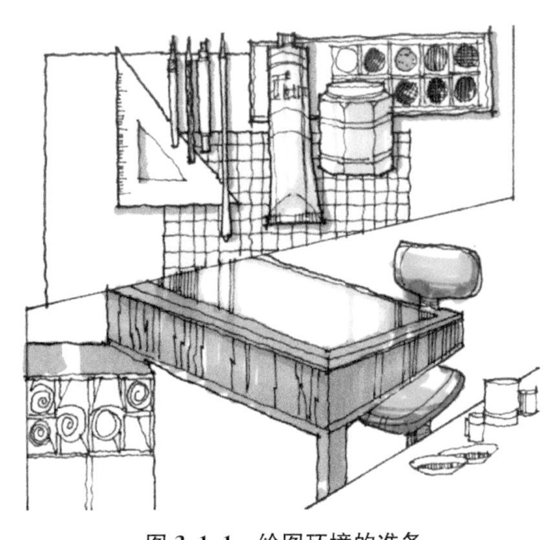

图 3.1.1 绘图环境的准备

图片来源：根据郑曙旸.室内表现图实用技法[M].北京：中国建筑工业出版社，1999.改绘，马克笔绘于复印纸

3.2 工具与材料

这里主要介绍绘制表现图所需的工具，一般意义上通用的制图工具如绘图板、三角板、丁字尺、模板、圆规等不作赘述。

3.2.1 主要工具

1）*颜料*

颜料主要有两大类：一类为不透明色，以水粉为代表；另一类为透明色，以水彩和透明水色为代表。不透明颜料有覆盖性，可以修改，在画面上产生艳丽、柔润、明亮、浑厚等效果(图 3.2.1)。透明颜料色彩透明，不能覆盖，效果明快，浓淡相宜，适于绘制需要突出整体空间气氛的大场景。

使用这些颜料作图必须使用事先裱过的画纸，而裱纸过程颇费周折：首先将画纸平摊于画板，再均匀地刷上水(或将纸完全浸湿)使其充分膨胀；然后，以排笔赶出画纸与画板之间的气泡，以牛皮纸条沾糨糊将画纸四边粘牢在画板上；最后，待画纸干透并收缩紧贴画板后方可开始作图。在裱过的画纸上施以水质颜料时不会发生纸面起皱的现象，但等待画纸干透通常需要一天的时间，无形中增加了绘图时间。随着风景园林行业的快速发展，表现图在设计过程中的需求量越来越大，这些曾作为绘制

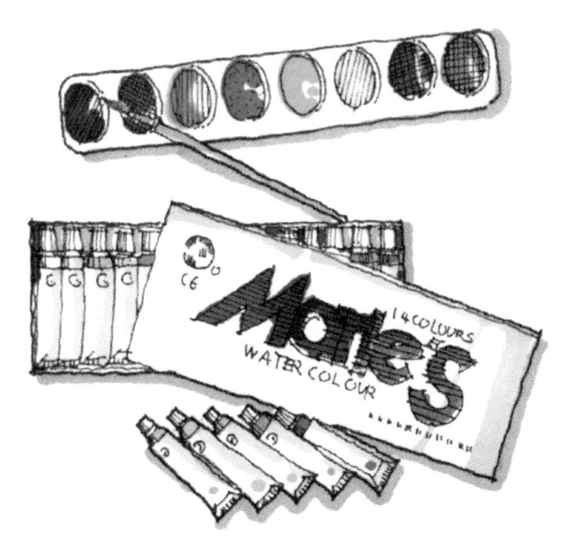

图 3.2.1 传统绘图颜料

图片来源：自绘，马克笔绘于复印纸

表现图常用的材料逐步被更为方便快捷、效果富有时代气息的马克笔和彩色铅笔所替代。但也有的绘图者偏爱以水彩颜料绘制表现大尺度场景的透视表现图(图 3.2.2),还有的绘图者利用水粉颜料的覆盖性,与马克笔混合使用(图 3.2.3)。

图 3.2.2　水彩透视表现图

图片来源:[美]GRICE G. 建筑表现艺术 1[M]. 天津:天津大学出版社,1999.

图 3.2.3　混合使用马克笔与水粉绘制透视表现图

图片来源:自绘于复印纸

2)画笔

(1) 针管笔　又称绘图墨水笔,专门用来绘制墨线或单色渲染图。针管笔绘图技法是各类绘图技法的基础,因为线稿体现了园林规划设计方案的绝大部分信息,即便涂色的水平差些,也不会太影响设计信息的表达。

针管笔有两种类别:一种是灌制墨水的针管笔,另一种是一次性针管笔,又称草图笔(图 3.2.4,图 3.2.5)。灌制墨水的针管笔的笔身为钢笔状,笔头是长约 2 cm 中空钢管,里面藏着一条活动细钢针,针管管径有 0.1～2.0 mm 各种规格,供绘图时选用。绘图时至少应准备粗、中、细 3 种不同管径的针管笔。针管笔必须使用专用绘图墨水。一次性针管笔的笔尖端处是尼龙棒而不是钢针,其笔头也有粗细不同的型号。灌制墨水的针管笔可画出精确且具有相同宽度的线条,用于精细制图。绘制时,笔头要尽量垂直纸面,适宜尺规作图;当笔头与纸面成锐角时,笔尖与纸面有较大的摩擦,会产生不流畅的感觉,不适合快速绘制徒手透视表现图。这种笔的缺点是有时会发生堵塞现象,一些国外品牌的针管笔长期不用,需要去专卖店用仪器清洗针管。一次性针管笔的优点是使用方便,不会发生漏水或者堵塞的现象;缺点是笔头有弹性,用力不均会导致线条不均匀,笔尖会因使用而逐步磨损,导致线条比原来的规格要粗。因此,一次性针管笔不适合用于精细绘图,但绘制一般的表现图还是可行的,尤其适合绘制快速表现图。

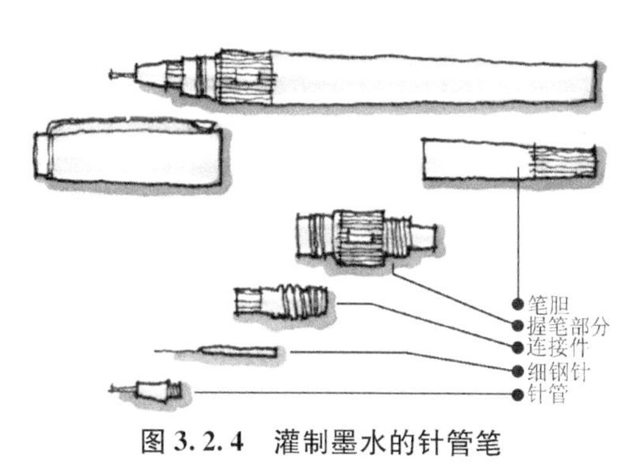

图 3.2.4　灌制墨水的针管笔

图片来源:根据王晓俊. 风景园林设计[M]. 增订本. 南京:江苏科学技术出版社,2000. 改绘,马克笔绘于复印纸

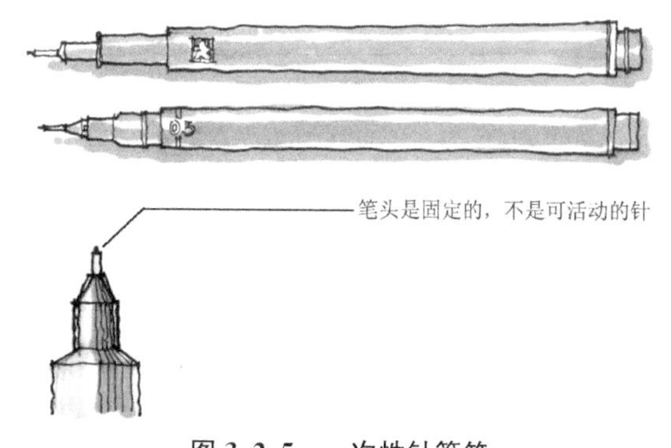

图 3.2.5　一次性针管笔

图片来源:自绘,马克笔绘于复印纸

(2) 绘图铅笔　绘制构思阶段表现图的基本工具之一(图 3.2.6)。它价格低廉,使用简便,携带方便,又易于表现出粗、细、深、浅等不同类别的线条及明暗块面,技法比较容易掌握,画起来快捷、方便,设计人员常用它来绘制草图、推敲研究方案及表现各种园林空间形象(图 3.2.7)。

绘图铅笔的标号 H、B 表示铅芯的软硬程度，B 前面的数字越大，表示铅芯越软，绘出的图线颜色越深；H 前面的数字越大，表示铅芯越硬，绘出的图线颜色越淡；HB 表示软硬适中。运用不同标号的铅笔能绘制出深浅、粗细不同的图线以及这些线条所组成的面，即使是同一支铅笔，随着制图者用力的变化也会在一定程度上呈现上述变化。铅笔的这一特性使其十分适宜绘制透视表现图，以深浅变化表现前景、中景和背景之间的空间距离。

绘图铅笔也有其局限性：首先，不能表现色彩；其次，不宜绘制大幅的表现图；第三，不易保存。鉴于这些原因，在实际工作中仅使用绘图铅笔绘制构思草图，或用于讨论、交流的表现图，一般不用它来绘制最终的表现图。设计人员在使用铅笔画草图推敲方案时，主要采用的是草图纸和硫酸纸，这两种纸均有一定的透明度，可以将图纸叠加在一起反复描画，直至方案完善为止。纸面的粗糙程度和纹理对图面的效果有一定的影响。一般来说，光滑的纸面比较适合于使用软铅笔作图，粗糙的纸面比较适合于硬铅笔作图。

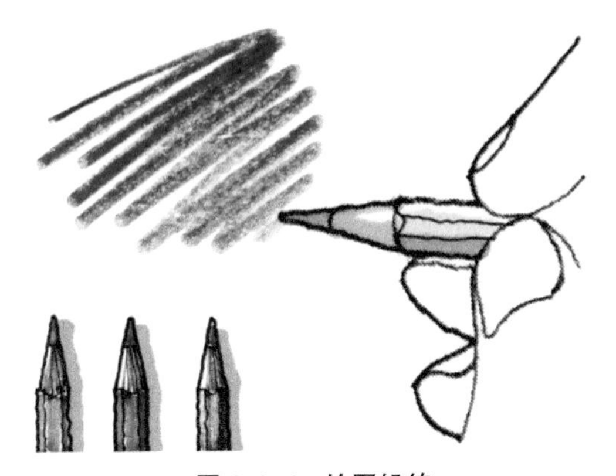

图 3.2.6　绘图铅笔

图片来源：自绘，马克笔绘于复印纸

图 3.2.7　绘图铅笔透视表现图

图片来源：自绘于草图纸

(3) 彩色铅笔　是一种比较容易操作的涂色工具，效果与绘图铅笔近似，但却有绘图铅笔不具备的优点：可以表现色彩，而且附着力强，不易擦脏，便于保存(图 3.2.8，图 3.2.9)。缺点：首先，色彩较淡，颜色的纯度、明度均不高，较难形成层次鲜明、对比强烈的图面效果；其次，由于色彩较淡，大面积涂色时较为费时，因此画幅不宜太大。彩色铅笔也分为两种，一种是可溶性彩色铅笔(可溶于水)，另一种是不溶性彩色铅笔(不能溶于水)。不溶性彩色铅笔分为油性彩色铅笔和干性彩色铅笔。油性彩色铅笔颜色有光泽，但附着力较差。市面上售卖的彩色铅笔大多是不溶性的干性彩色铅笔，颜色多种多样，有 12 色系列、24 色系列、48 色系列、72 色系列、96 色系列等。可溶性彩色铅笔又叫水彩色铅笔，颜色附着力比不溶性彩色铅笔强些，在没有蘸水前和不溶性彩色铅笔的效果是一样的，蘸上水之后就会变成像水彩一样，色彩柔和。彩色铅笔可以单独作图，也可以配合马克笔作图，可以对马克笔的色调变化和材质表现起补充作用。

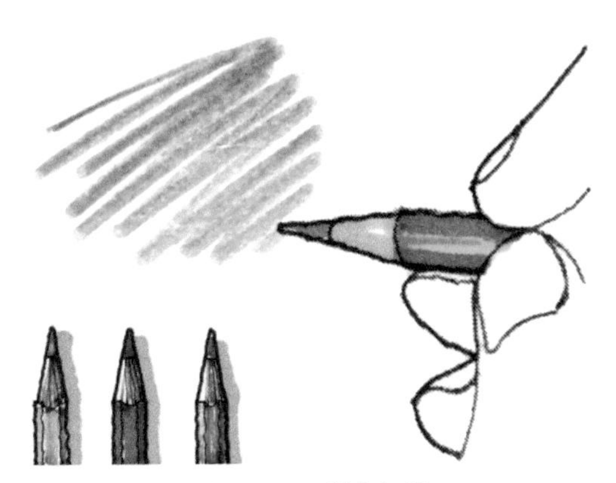

图 3.2.8　彩色铅笔

图片来源：自绘，彩色铅笔绘于复印纸

图 3.2.9　彩色铅笔透视表现图

图片来源：自绘于复印纸

(4) 马克笔　又称麦克笔、记号笔，性能与儿童使用的水彩笔相近(图 3.2.10)。马克笔不需要传统绘画工具的准备和清理时间，几秒钟颜色就干了，可以立刻覆盖新的颜色，因此成为当前设计师普遍运用的绘图工具(图 3.2.11)。马克笔的一端或两端有毡头，笔杆内灌有掺有溶剂的颜料，依据溶剂的不同，马克笔有酒精性、油性和水性之分。

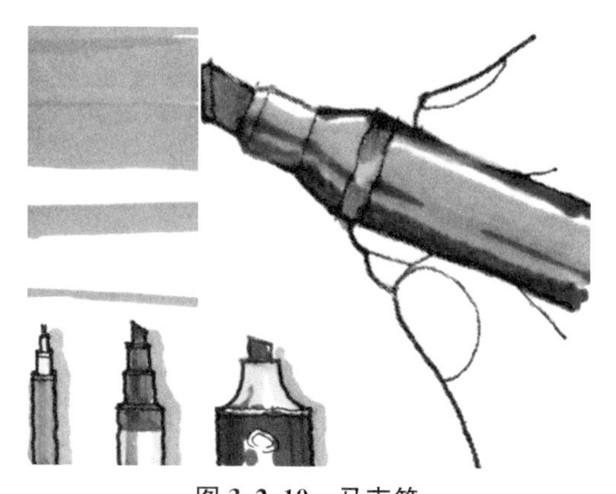

图 3.2.10　马克笔

图片来源：自绘，马克笔绘于复印纸

图 3.2.11　马克笔透视表现图

图片来源：自绘，酒精性马克笔绘于复印纸

酒精性马克笔以酒精为溶剂，易挥发，无毒副作用，使用时要注意房间的通风。市面上售卖的马克笔大多是酒精性的，这种笔的缺点是颜色稳定性差，画好一种颜色以后，过几分钟会变色，需自制色卡。油性马克笔以甲苯、二甲苯为溶剂，味道刺鼻，应于通风良好处使用，使用完需要盖紧笔帽，否则可能会引发头痛。油性马克笔快干、耐水、有较强的渗透力，颜色多次叠加不会伤纸。油性马克笔的色彩稳定性好，有较好的耐光性，一般不会变色。油性马克笔和酒精性马克笔的绘图效果比较接近，笔触效果不明显，颜色纯度较适中，配色比较容易取得协调效果。因此，初学者往往会觉得比较容易上手。油性马克笔和酒精性马克笔适合大面积涂色，不适宜用于细部的深入刻画。相比之下，油性马克笔色彩更稳定、丰富，用酒精性的马克笔绘图，往往感觉颜色深不下去(图 3.2.12)。

水性马克笔以水为溶剂，笔头无气味。水性马克笔与水彩颜色相近，色彩艳丽、明快、易干，但多次叠加颜色后会变灰，而且容易伤纸。水性马克笔有干画和湿画两种画法。干画法中，水性马克笔的笔触效果很明显，由于水性马克笔的颜色溶于水，还可以采用湿画法画出水彩画的效果。水性马克笔的绘图效果与油性马克笔和酒精性马克笔相比，色彩的纯度高，笔触的形状明显、边界清晰，整体效果强烈，很适于深入刻画细部。其缺点是：对绘图者的配色能力和笔触驾驭能力要求很高，初学者往往难以掌握使用要领(图 3.2.13)。

图 3.2.12　酒精性马克笔透视表现图

图片来源：自绘于复印纸，原图来自园林学习网(YLStudy.com)，作者为沙沛

图 3.2.13　水性马克笔透视表现图

图片来源：自绘于复印纸，原图来自园林学习网(YLStudy.com)，作者为沙沛

(5) 色粉笔　是一种用颜料粉末制成的干粉笔，一般为 8～10 cm 长的圆棒或方棒，也有价格昂贵的木皮色粉笔。在透视表现图中可以用它来绘制天空或水体，使用方法：用小刀或尖锐工具在色粉笔上刮下一些粉末来(图 3.2.14)，然后用手、餐巾纸或者麂皮涂抹出退晕效果来(图 3.2.15)。

图 3.2.14　色粉笔的用法

图片来源：自绘，马克笔绘于复印纸

图 3.2.15　色粉笔绘制天空

图片来源：[美]道尔. 美国建筑师表现图绘制标准培训教程[M]. 李峥宇，朱凤莲，译. 北京：机械工业出版社，2004.

3) 纸张

可以用于表现图绘制的纸张很多，有复印纸、草图纸、硫酸纸、卡纸等。对针管笔而言，一般纸张都适用，但硫酸纸和草图纸的纸质对线条有影响：硫酸纸的正面光滑，一次性针管笔会打滑；草图纸会使线条变粗一个级别。

采用马克笔为作图工具时，主要的选择在于根据笔的性能及预想的绘图效果选择渗水性适宜的纸。草图纸、硫酸纸渗水性弱，马克笔颜色浮在纸面上，色彩纯度降低一个级别，能画出柔和的灰色调效果；相反复印纸等渗水性强的纸，易吸收颜色，图面色彩鲜艳、明亮，对比强烈，但对绘图者的配色能力要求较高。

运用彩色铅笔时，要考虑纸面的粗糙度，纸面纹理越明显，其颜色附着力越好，图面的色彩就越鲜艳，笔触感就越强。

3.2.2　辅助工具

1) 界尺

界尺是水质颜料画线条不可缺少的工具，比如在透视表现图中用水粉颜料画出平直挺拔的高光便需要借助于界尺。界尺有两种：台阶式和凹槽式。台阶式界尺可以自制，把两把尺或两根边缘挺直的木条或有机玻璃条错开黏在一起即可。凹槽式界尺有成品或者在有机玻璃和木条上开出宽约 4 mm 的截面为 U 的凹槽。使用界尺时手握两支笔，与拿筷子的姿势相同，沾了颜料的笔头朝下，另一支笔则笔头朝上，端部抵住界尺凹槽，沿界尺移动，便可画出均匀的线条(图 3.2.16)。

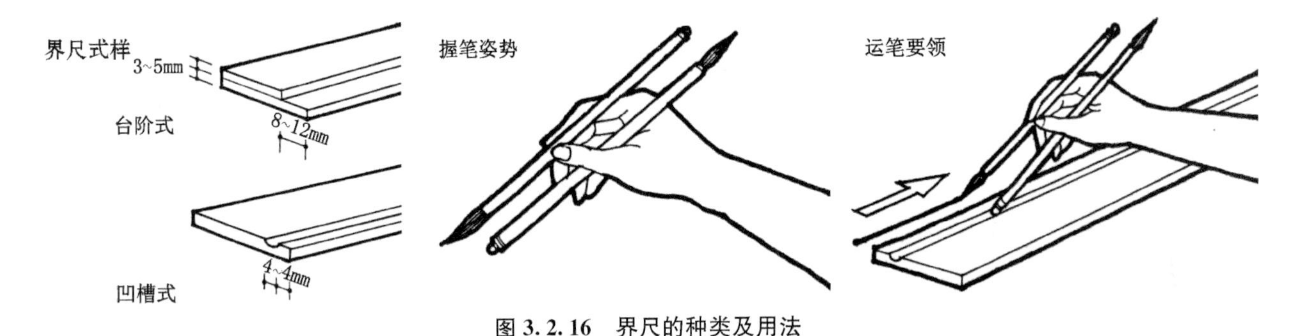

图 3.2.16　界尺的种类及用法

图片来源：郑曙旸. 室内表现图实用技法[M]. 北京：中国建筑工业出版社，1991.

2）擦图片

擦图片是用来修改图线的，一般由不锈钢制成。擦除线条时，用擦图片上适合的口子对准需擦除的部位，将不需要擦除的部分盖住，用橡皮擦除缺口中的线条（图 3.2.17）。

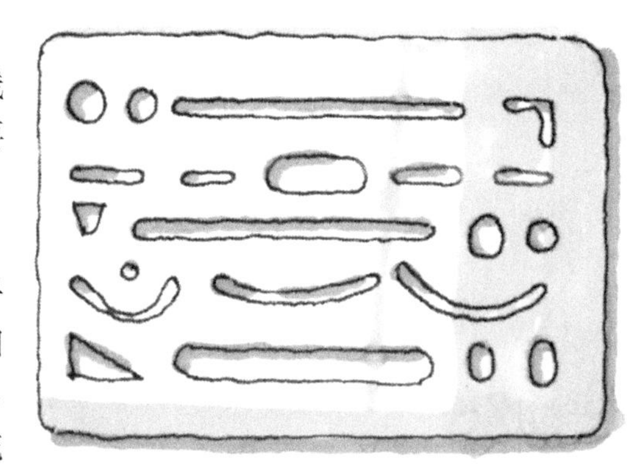

图 3.2.17　擦图片

图片来源：自绘，马克笔绘于复印纸

3）牙刷

牙刷蘸上颜色在一层铁纱网上刷（没有铁纱网时用手指拨牙刷的刷毛），这样会在图纸底色上喷洒出一层很细的雾点（图 3.2.18），可以用来表示墙面、地面材质的质感，也可以用于表现喷泉、瀑布等动态水景形成的水雾或水花（图 3.2.19）。

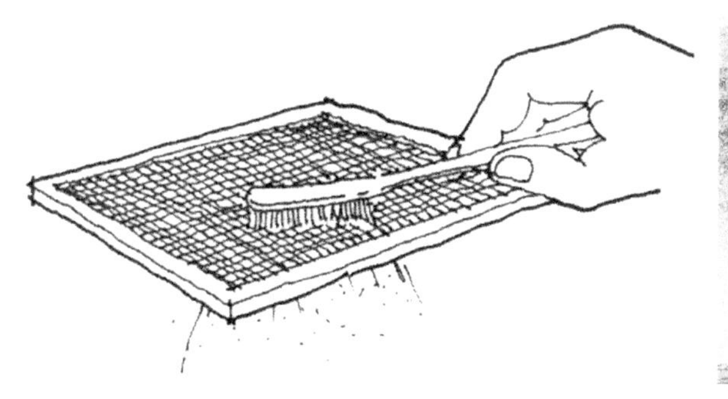

图 3.2.18　牙刷的使用方法

图片来源：根据彭一刚. 建筑绘画及表现图[M]. 2 版. 北京：中国建筑工业出版社，1999. 改绘，针管笔绘于复印纸

图 3.2.19　牙刷的使用效果

图片来源：彭一刚. 建筑绘画及表现图[M]. 2 版. 北京：中国建筑工业出版社，1999.

4）遮盖工具

除了上述工具外，还需要一些辅助工具来遮盖图面，使涂色时颜色不会溢出边界，其中有的为专用如遮盖液，有些可利用日常的一些办公用品替代（图 3.2.20）。

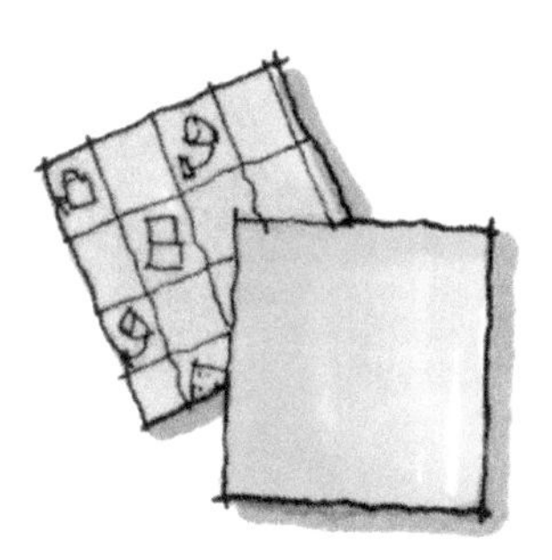

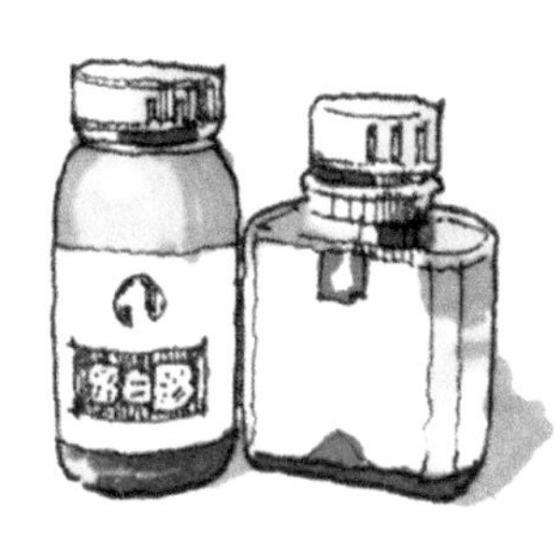

图 3.2.20　告事贴、遮盖液和透明胶（从左至右）

图片来源：自绘，马克笔绘于复印纸

（1）告事贴（便笺纸）　现代办公用品，其页面的一边具有低度黏性，贴在纸上后，撕开时不会损伤纸面。使用马克笔时，可以借助告事贴有黏性的一边，做简单的遮盖，绘图者可以放手涂色，颜色干后，揭去告事贴，色块的边缘会显得挺直、光洁。当图纸上的马克笔颜色有渗洇现象时，一定要快速涂色，否则颜色仍会渗出告事贴的边界。

（2）遮盖液　或称留白胶，其味刺鼻，呈液体状，具有低度黏性。使用时，用毛笔笔尖蘸取遮盖液，涂在要遮盖的地方，等其干后上色，待颜色干后，轻轻揭去遮盖液。遮盖液特别适用于遮盖形状复杂和不规则的图形。遮盖液用后应及时盖紧瓶盖，并清洗画笔。

（3）透明胶带　将其具有黏性的一面在桌边上来回摩擦，磨去一部分黏性，磨到能粘住纸但不伤纸的程度，作为遮盖工具用，用法与告事贴相同。

4 技法详解——基本技法

从工具的角度来看，表现技法的种类很多，有针管笔绘图技法、铅笔绘图技法、彩色铅笔绘图技法、马克笔绘图技法等，每种技法都有自己的特点。这些技法在本质上并没有差异，在具体运用时都应建立在“通用原理”的基础上。由于水彩、水粉等传统绘图技法在当前使用较少，因此这里不作阐述，结合“第二章 通用原理”，参考本章所列技法的有关内容，融会贯通，勤加练习就可掌握。

4.1 通用技法

4.1.1 线条

线条是绘图最基本的要素之一，各类表现图中的绝大部分信息都要依靠线条来交代。在绘画领域里，运用线条的变化来表现对象的方法称为“线描”。表现图中的线条与绘画中线条是有区别的：

首先，表现图中的线条主要用于真实、准确地表现对象的轮廓、结构及其细节，线条本身带有工程数据的特征，线型、线宽应按照前面有关原理做加工，不能由绘图者随意地进行艺术处理。绘画中线条则无此约束，完全可以由艺术家依据自己的要求决定。

第二，表现图中的线条受到制图原理、制图规范和行业习惯的限定，绘图者不能随意决定哪些线条要画，哪些线条不画。对于绘画而言，画家可以根据自己的需要取舍。

第三，表现图中部分用于表现明暗、材质的线条，其作用仍然是为了表现信息、突出信息，而不是像绘画那样可以单纯地增强艺术效果。

表现图一般采用两种线条：等轻重线（线条始终粗细均匀）和端部加重线（线条两端加重，中间粗细均匀）。等轻重线适于形成均匀的排线，用于涂色；端部加重线适于绘制表现对象的结构（图 4.1.1），如平面图、立面图或透视图线稿等。绘制表现结构的线条时要注意以下几点：

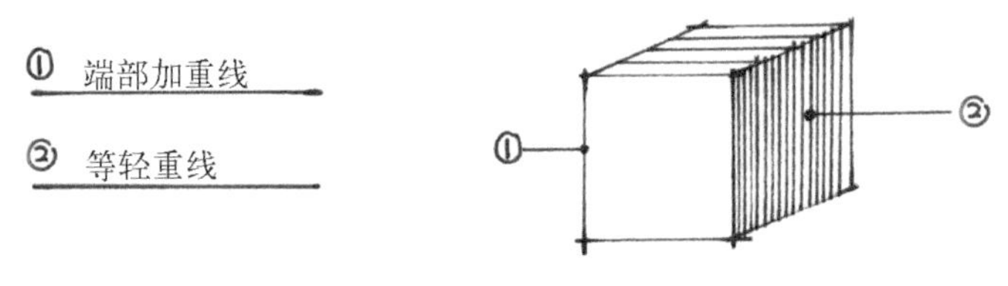

图 4.1.1 线条的种类及用途

图片来源：自绘，针管笔绘于复印纸

首先，线条要连续、流畅和严谨，准确反映表现对象的形体结构。尺规作图时，线条要挺直；徒手绘图时，线条要流畅，可以有一定程度的上下抖动，但要保证大方向是直的(图 4.1.2)。

第二，如果采用尺规制图，线条要连续不能断；如果徒手绘图，线条过长时，线条可以断，但应按图中方法衔接。

第三，精细作图时，线条与线条的交接必须到位，快速作图时，线条相交可略有出头，强调绘制对象的形体结构(图 4.1.3)。

绘制表现图线条时一定要避免采用过于风格化的线条，尤其要避免画静物素描时采用的那种两端尖中间粗的线条，这种线不能清晰地表现信息，反而会增加视觉干扰；也应

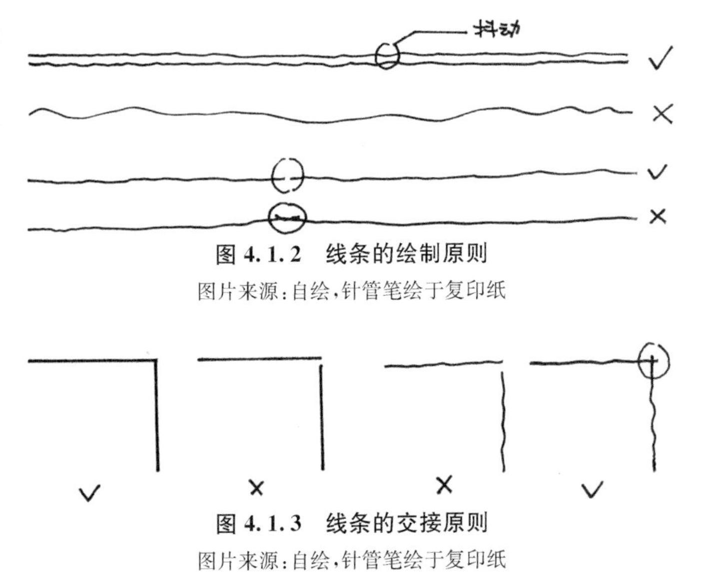

图 4.1.2 线条的绘制原则

图片来源：自绘，针管笔绘于复印纸

图 4.1.3 线条的交接原则

图片来源：自绘，针管笔绘于复印纸

避免过于追求线条本身或者组合后的某种感觉，使表现图失去原有的功能（图 4.1.4）。另外，不能将表现图中的透视图等同于一般意义上的速写，以速写的线条绘制表现图，会使表现图失却了应有的工程数据感（图 4.1.5）。适合用于园林表现图的线条如图 4.1.6～图 4.1.8 所示。

图 4.1.4　不适合用于表现图绘制的线条举例

图片来源：自绘，针管笔绘于复印纸

图 4.1.5　速写线条的形式感会使图面焦点集中于线条本身的美感

图片来源：自绘，签字笔绘于复印纸

图 4.1.6　适合用于表现图绘制的线条举例——园林空间表现

图片来源：自绘，针管笔绘于复印纸

图 4.1.7　适合用于表现图绘制的线条举例——园林建筑表现

图片来源：自绘，针管笔绘于复印纸

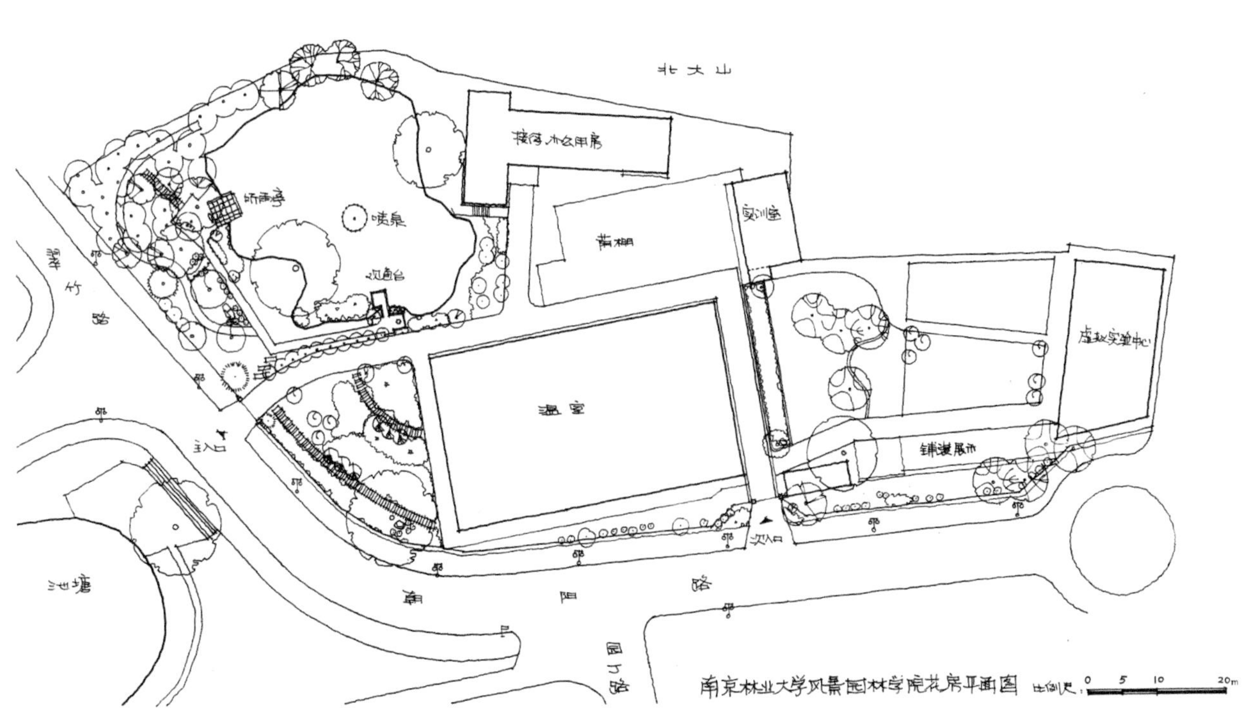

图 4.1.8　适合用于表现图绘制的线条举例——园林平面图表现

图片来源：自绘，针管笔绘于复印纸

4.1.2 笔触

指作画过程中画笔接触画面时所留下的痕迹，笔触会按照一定的原则或是逻辑关系组合在一起，最后画面会出现一些形状或形象，在作图过程中绘图者会有意识重复这种形状。笔触的作用是体现对象质感、量感、体积感和光影虚实，并起到组织图面的作用(图 4.1.9)。从质感这个角度来看，表现图中所描绘的对象一般可以分为两类：一类是物体表面材料质感比较丰富、明显；另一类则相反，物体表面材料质感比较单一、光滑整洁。在表现图中，第一类对象适合用笔触加以真实、细致地表现；第二类对象适合通过明暗层次的处理来表现。在运用笔触时要注意以下几点：

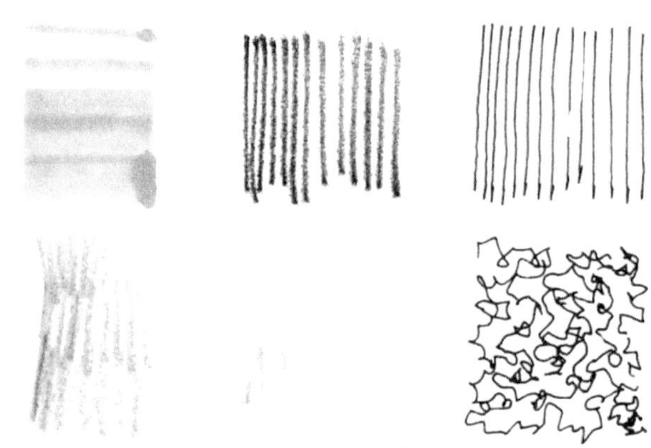

图 4.1.9 笔触举例

图片来源：自绘，铅笔、针管笔、马克笔和彩色铅笔绘于复印纸

(1) 笔触用于涂色和突出信息，大多数情况下，笔触本身不携带信息，因此图中笔触不能过于突出，而掩盖了真正要表现的信息，图 4.1.10 中左图的笔触丰富，水面生动，而右图则略显呆板。但从信息表达来看，左图中的景观灯柱等设施隐没在笔触中，难以分辨，而右图景观空间结构、景观小品清晰可辨。

(2) 透视图中表现物体形体或质感的笔触要遵循近大远小的规律。

图 4.1.10 笔触表现实例对比

图片来源：学生作业

(3) 用笔触加强边界效应(图 4.1.11，图 4.1.12)。

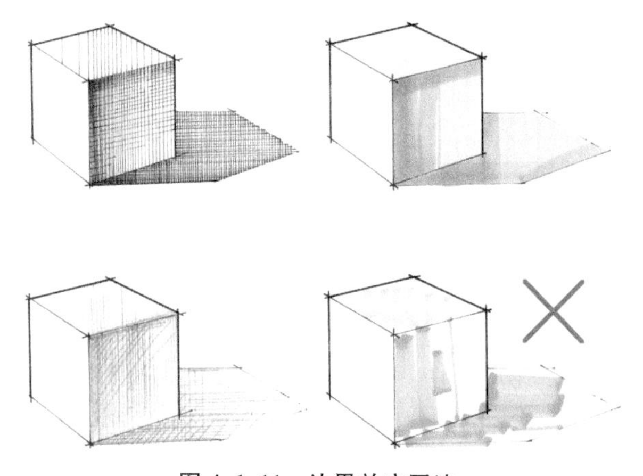

图 4.1.11 边界效应画法

图片来源：自绘，针管笔、彩色铅笔和马克笔绘于复印纸

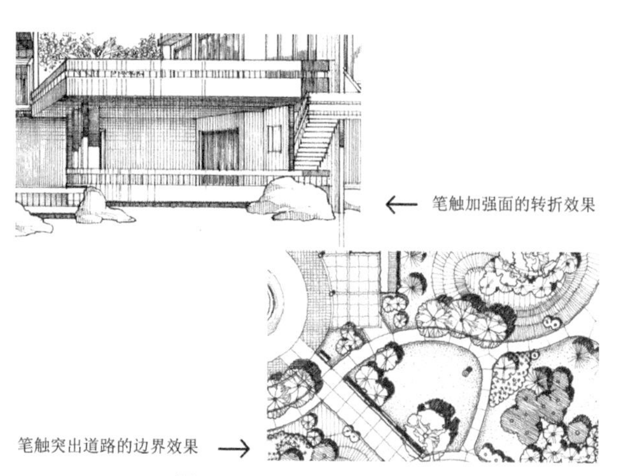

图 4.1.12 边界效应实例

图片来源：自绘，针管笔绘于复印纸

4.1.3 退晕

退晕是指画面颜色在明度、色相、冷暖或明暗对比上的一种渐变形式，退晕在园林表现图中的用途主要有3个：

1) 表现光影效果

退晕是一种更加细微的明暗变化，它是透视表现图取得光感、空气感的重要手段。根据经验，通常人们会认为光线照到的部分最亮，在图中也应该亮。而在园林透视表现图中并非完全如此，首先来看几种产生退晕效果的成因：

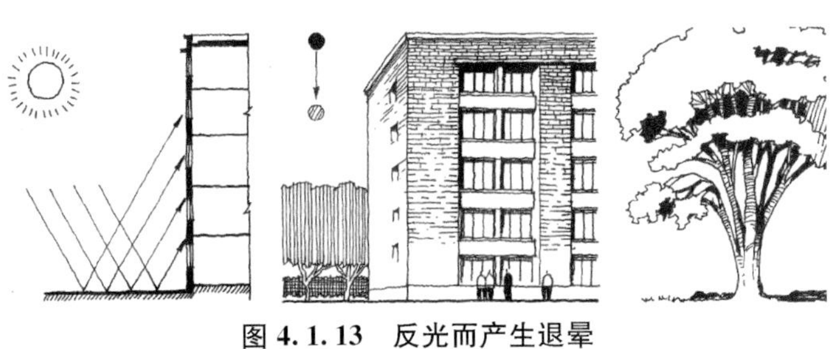

图 4.1.13 反光而产生退晕

图片来源：摹自彭一刚. 建筑绘画及表现图[M]. 2版. 北京：中国建筑工业出版社，1999. 针管笔绘于复印纸

(1) 因反光作用而产生的退晕变化 由于地面反射阳光而使建筑、乔木等景物产生"上深下浅"的退晕现象——越是靠近地面的部分，受地面影响越大，因而越亮，尤其是地面的颜色较浅、反光能力较强的情况下，这种现象尤其明显(图4.1.13)。

(2) 因透视因素而产生的退晕变化 由于空气中水蒸气、灰尘的遮挡作用，会产生所谓的"空气透视"的现象，即人在看自然景物时所存在的如下现象：近处的景物看起来颜色较深，也较为清晰，对比度较大；远处的景物看上去色调越远越淡，越远越模糊，对比度减弱；极远处的景物则只能看个隐隐约约。这种现象表现为一种"近深远浅"的退晕(图4.1.14，图4.1.15)。

图 4.1.14 空气透视实例1(植物)

图片来源：钟训正. 建筑画环境表现与技法[M]. 北京：中国建筑工业出版社，1985.

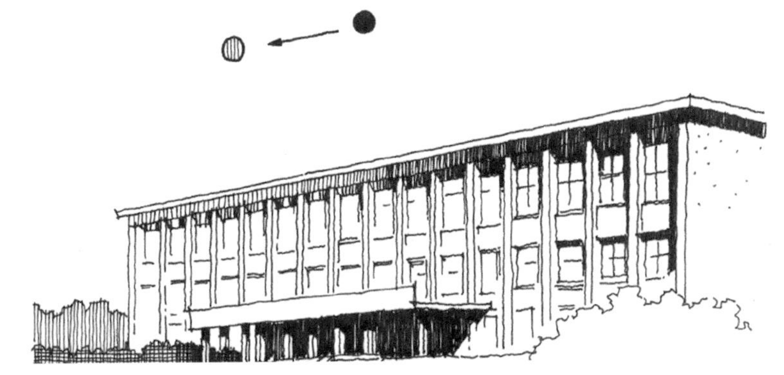

图 4.1.15 空气透视实例2(建筑)

图片来源：摹自彭一刚. 建筑绘画及表现图[M]. 2版. 北京：中国建筑工业出版社，1999. 针管笔绘于复印纸

(3) 因视觉因素而产生的退晕变化 因视角和光影关系之间的密切联系而形成的退晕。这种退晕现象在建筑的墙面和屋顶上最为明显。由于建筑墙面的质感往往比较粗糙，可以将它看成由许多颗粒组成。若假定光线从上方照来，视点取在墙面中间，那么上方颗粒的阴影面积比下方的大，形成上深下浅的退晕关系。如果光线从左边照来，则会出现左深右浅的退晕关系。用同样的道理分析屋面，也可以得出其水平方向的退晕关系(图4.1.16)。

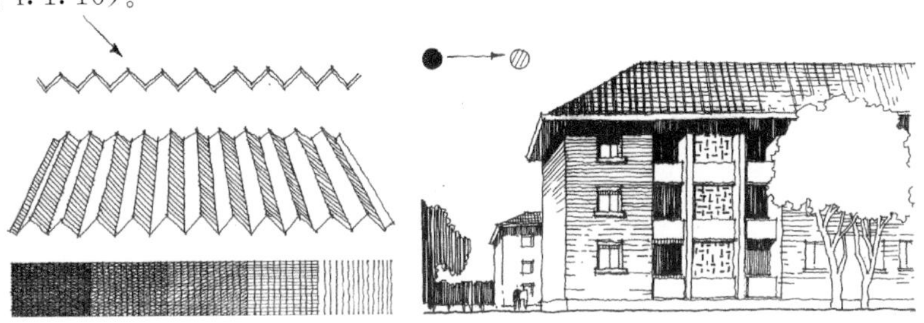

图 4.1.16 因视觉因素而产生退晕

图片来源：摹自彭一刚. 建筑绘画及表现图[M]. 2版. 北京：中国建筑工业出版社，1999. 针管笔绘于复印纸

（4）因图面组织需要而产生的退晕变化　这是和空间层次及画面视觉焦点密切联系的。为了突出图面的空间层次以及视觉中心，人为地调整明暗退晕关系。在明度分级原理中，园林透视图的明暗层次布局分为黑、白、灰和白、黑、灰两种类型，其中“黑、白、灰”模型完全符合上述退晕规律。而对于“白、黑、灰”模型而言，在地面反光能力较弱的前提下，为了增强中景“黑”的效果，拉开与近景之间的空间距离，将近景与中景之间地面原本应遵循的“近深远浅”的退晕法则改为“近浅远深”（图 4.1.17）。当人的眼睛注视着某个距离上的对象时，这个对象显得特别清晰，而近处和远处的物体则变得模糊，为了突出透视图中的重点，强化其轮廓线，加强明暗对比，非重点的部分则处理得相对虚一些、柔和一些。重点与非重点之间的过渡靠退晕来实现。

图 4.1.17　与“明度分级”相关的退晕

图片来源：自绘，针管笔绘于复印纸

2）表现地形变化

退晕是表现地形高差变化的一种方法，比如表现山体、水体等，具体内容详见“第五章技法详解二——要素表现”。

3）强调图形边界

退晕可以强调图形边界的形态并活跃图面气氛。比如平面图的填色，有时遇到大面积填充一种颜色的情况，如平涂，图面容易显得呆板、机械，而退晕产生的变化则可以在一定程度上活跃图面的气氛。再如平面图中道路不容易表现清晰，加深道路边缘绿地的颜色使道路的形状得以凸现出来（图 4.1.18）。

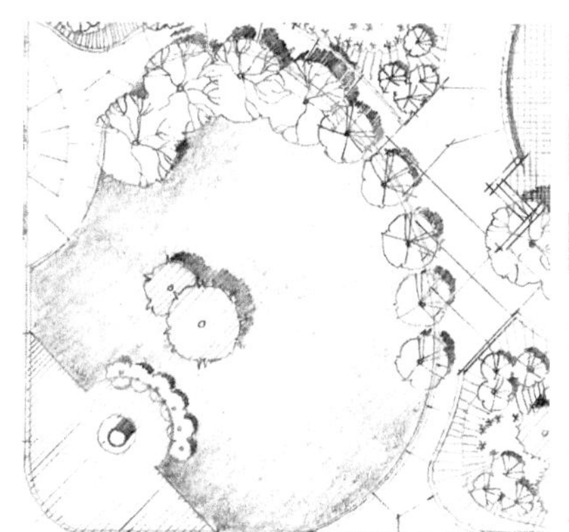

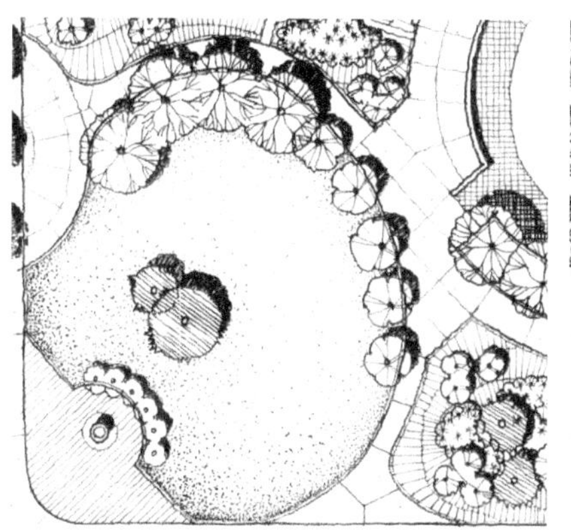

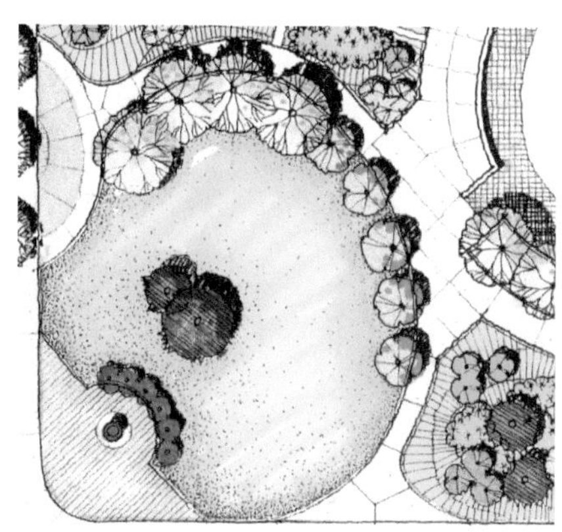

图 4.1.18　用退晕产生边界效应

图片来源：自绘，铅笔、针管笔和马克笔绘于复印纸

退晕从明度衔接形式来分有两种形式：平均退晕和分格退晕，平均退晕是指颜色的浓淡变化没有明显的色阶，变化柔和自然（图 4.1.19）；分格退晕是指按色阶的形式使颜色逐格加强或减弱（图 4.1.20）。平均退晕和分格退晕的运用对象可以是一个体，也可以是一个面，对于图中表面分块不明显、线条自然的物体采用平均退晕的方法表现光影，而对一个表面分块明显的物体则宜采用分格退晕的方法，这时的平均退晕和分格退晕的效果是对整体而言的。也可以对图中某一个相对独立的面运用平均退晕和分格退晕的技

法，平均退晕的效果比较真实地反映出实际的光影变化；分格退晕则突出了笔触效果，强调了边界形状，图面比较有设计感。在退晕时可以只使用一种颜色，称为单色退晕，也可以使用多种颜色，称为复色退晕。

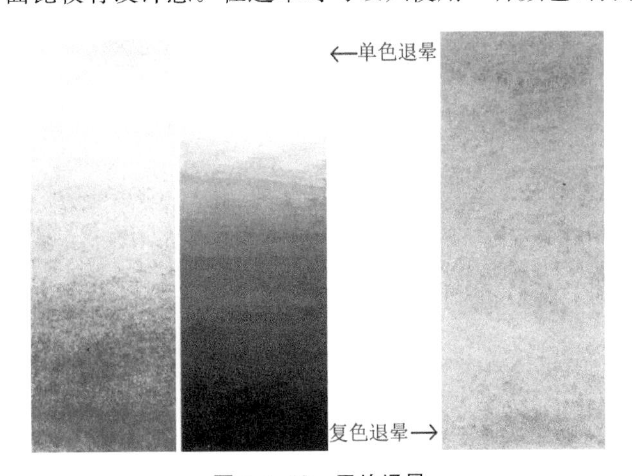

图 4.1.19 平均退晕

图片来源：彭一刚. 建筑绘画及表现图[M]. 2版. 北京：中国建筑工业出版社，1999.

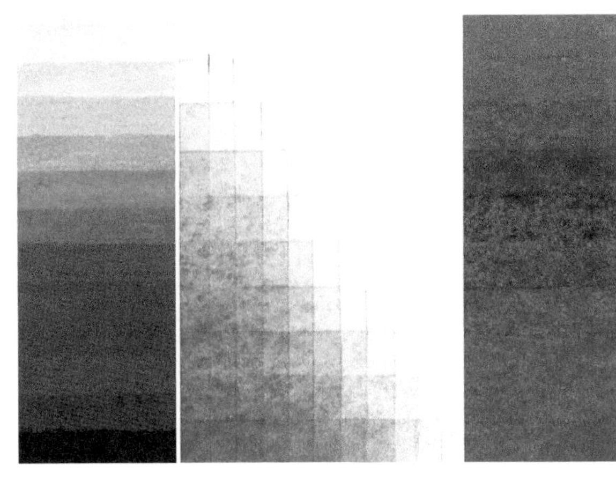

图 4.1.20 分格退晕

图片来源：彭一刚. 建筑绘画及表现图[M]. 2版. 北京：中国建筑工业出版社，1999.

4.1.4 渲染

渲染原是一种中国画技法，也称晕染，指用水墨或颜色烘染物象，分出阴阳向背，以强化和丰富艺术形象，增强艺术效果、质感和立体感。在建筑学的传统制图训练中，常以水彩、水墨或浓茶水为颜料，结合退晕的技法，将表现对象的光影效果细腻地表现出来，分为单色渲染和彩色渲染。当前在建筑、园林表现技法中的渲染基本延续了以前的概念及要求，但已不如之前严格，作画工具由原来的水彩、水粉扩展为铅笔、钢笔（或针管笔）、马克笔、彩色铅笔等。渲染与着色不同的地方在于是否较为细致地表现光影效果。当前仍有人在大尺度规划设计方案中采用水彩渲染的表现形式，如图 4.1.21。

图 4.1.21 退晕技法在城市设计表现图中的运用

图片来源：易道. 赢取国际赞誉的滨水社区——江苏苏州金鸡湖景观建筑设计[J]. 景观设计，2004(04)：90－95.

4.2 分类技法

4.2.1 针管笔绘图技法

1）线条

针管笔线条一般采用等轻重线和端部加重线（图 4.2.1），绘制方法参照本章“通用技法”中“线条”的有关内容。

2）笔触

针管笔只能画出线条，就单根线条而言笔触效果不明显。针管笔的笔触形式主要有3种：表现质感的笔触；规则式的排线和素描笔触，不推荐采用素描笔触。规则式的排线主要用于表现光影，在形式上与铅笔技法一样，但由于针管笔线条没有深浅之分，针管笔绘制的表现质感的笔触与铅笔也有所不同，针管笔只能画出线，所以表现质感的笔触也是由一定形式的线组构成（图4.2.1，图4.2.2，图4.2.3）。

3）退晕

针管笔不能像铅笔那样以粗笔刮擦纸面形成灰面，要形成深浅变化必须靠线条的疏密或重叠来实现或者用打点的方法形成退晕效果（图4.2.4）。

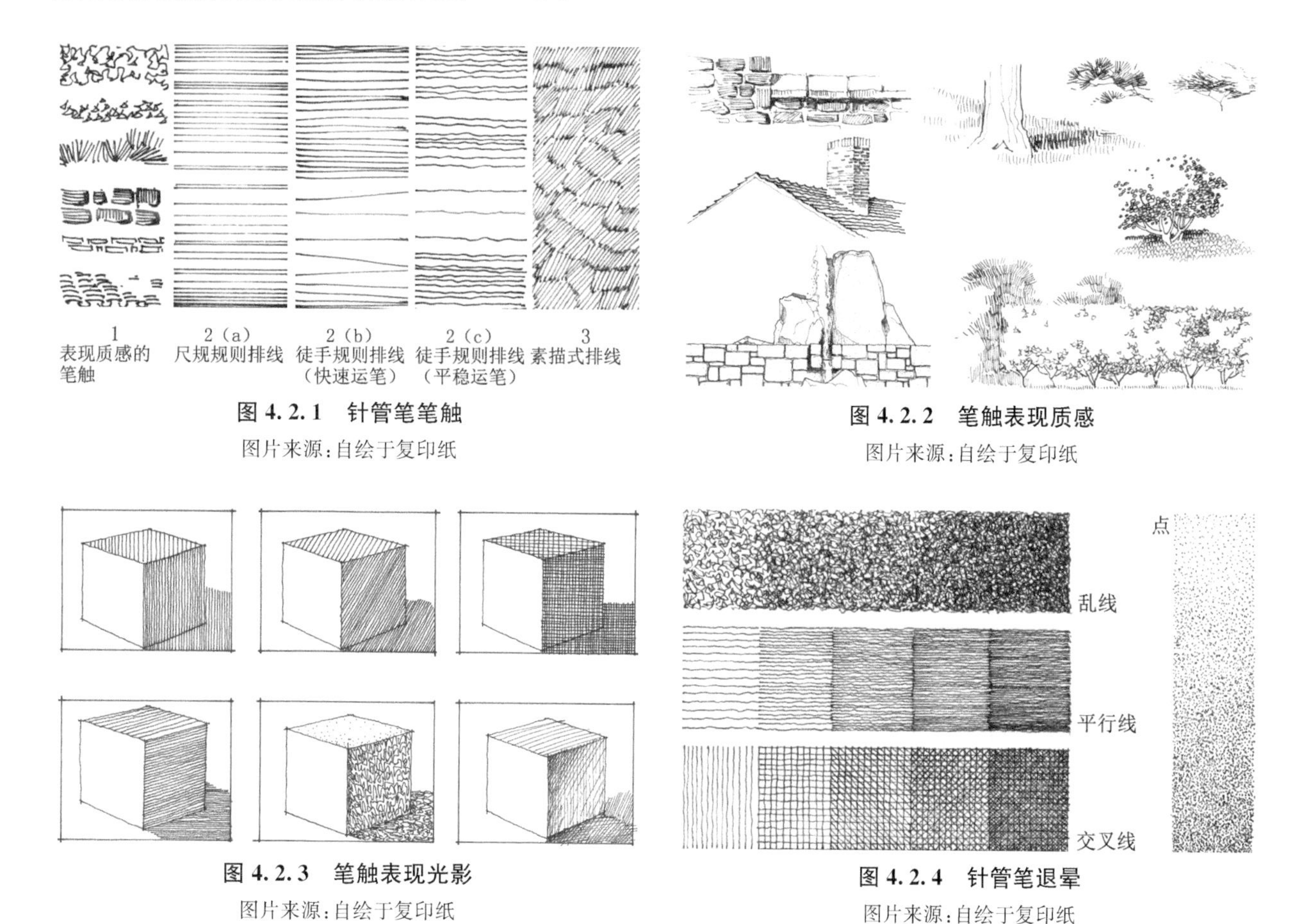

图4.2.1　针管笔笔触

图片来源：自绘于复印纸

图4.2.2　笔触表现质感

图片来源：自绘于复印纸

图4.2.3　笔触表现光影

图片来源：自绘于复印纸

图4.2.4　针管笔退晕

图片来源：自绘于复印纸

4）针管笔单色渲染技法

（1）平面渲染　由于针管笔必须依靠点或线形成色块，无法表现色彩或使用色彩表达信息，从传递信息的角度来说是有一定缺陷的；而且当线过多时容易影响图中信息的识别；因此，小比例的图纸不适合采用针管笔进行渲染。在渲染时首先依据明度分级原理，对图纸色块的明度进行分级，然后用点或线条形成相应的灰面。在渲染时注意以下几点：

① 突出图形的边界，如道路、场地的边界，排线时线的方向应尽量与边界垂直；打点时，靠近边界的部分点的密度要高一些。

② 灰面的灰度要明显低于图中物体投影的深度，这样才能使图面的黑、白、灰等级清晰，各种信息被有效地凸现出来。

③ 用于渲染的线条本身不带信息，应采用细线，线条绘制应均匀、光滑，避免形成不必要的对比关系（图4.2.5）。

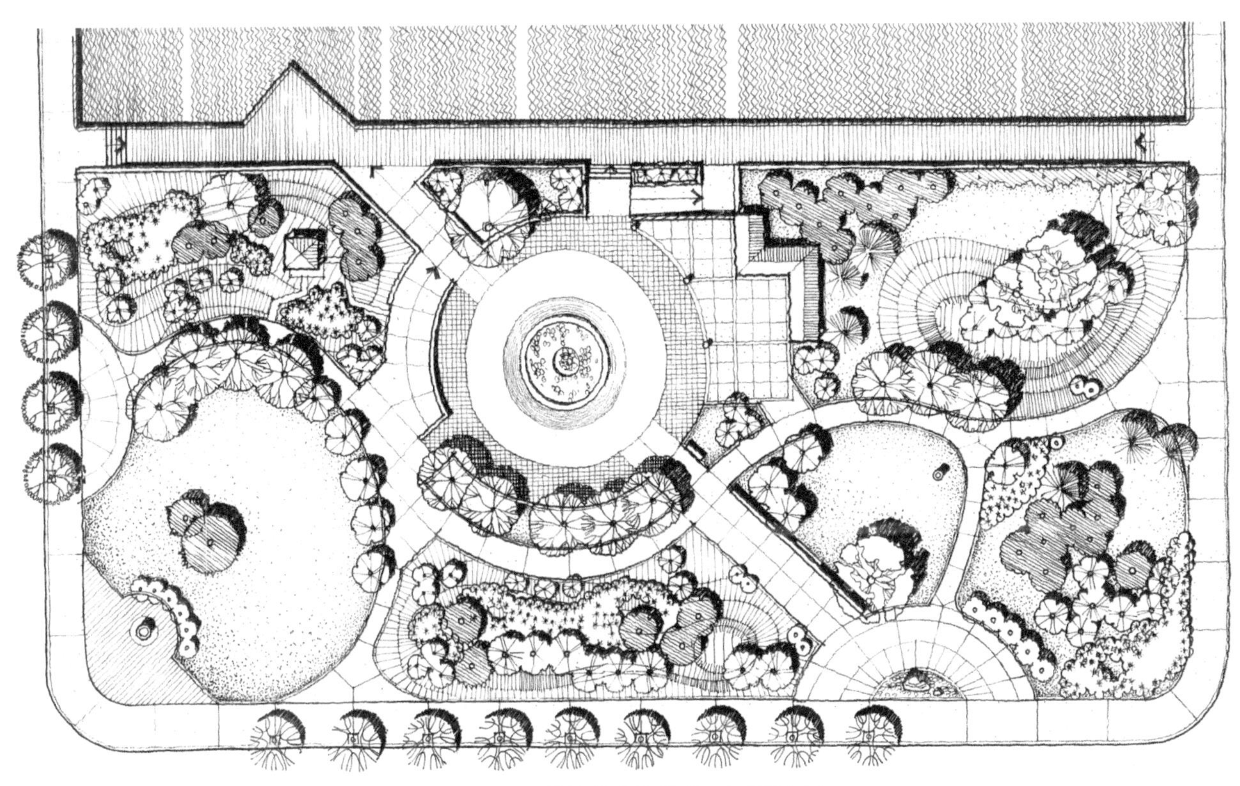

图 4.2.5　针管笔渲染设计平面图举例

图片来源:自绘于复印纸

(2) 透视图渲染　针管笔透视图画法通常可以分为 3 类:单线、单色渲染和“单线+简单明暗”。

单线画法是指用线条画出物体的轮廓,不画明暗。单线虽然不表现光影,但只需将中景画得最为详细,将前景和背景概括、简化,同样能符合明度等级模型(图 4.2.6)。需指出的是,单线画法不适合运用“容积空间”的明度安排原理,即黑、白、灰。因为单线画法的明度深浅依赖于线条的密集程度,中景留白会使其缺乏细节(图 4.2.7)。

图 4.2.6　针管笔单线透视图(立体空间)

图片来源:自绘于复印纸

图 4.2.7　容积空间的透视图不宜采用纯线描的表现方式

图片来源:自绘于复印纸

针管笔单色渲染技法有 3 种:第一种是用排线画出明暗关系;第二种是用表现质感的笔触组织画面,表现光影效果;第三种是前两种的结合。在园林透视图中,存在大量材料质感比较单一、光滑整洁的对象的情况一般较少。另外,墨线与铅笔线相比太深,完全以排线表现阴影难度较大,很难画出空间层次,因此很少采用第一种方法,园林建筑除外(图 4.2.8)。第二种方法是指画出物体表面的材质纹理,在"明度区分原理"的基础上,遵循"亮面不画暗面画"的原则,即亮面留白,将阴和影部位的质感画出来。这种方法能表现出明暗层次,但只适合表现对象具有丰富质感的情况(图 4.2.9)。第三种方法是较为常用的,先画出物体质感,再覆一层或多层排线表现明暗层次(图 4.2.10)。

图 4.2.8　园林建筑透视图可采用排线的方式刻画

图片来源:自绘于复印纸

图 4.2.9　以表现质感的笔触渲染

图片来源:[美]格普蒂尔阿瑟 L. 钢笔画技法[M]. 李东,译. 北京:中国建筑工业出版社,1998.

图 4.2.10　"明暗+笔触"的渲染

图片来源:自绘于复印纸

“单线＋简单明暗”是园林透视图最为适用的针管笔单色渲染技法，绘图速度快，图面效果简单明快，也可以作为马克笔、彩色铅笔的钢笔淡彩画法的底稿。结合第二章明度分级原理，具体画法步骤如下：

① 按如下要求完成线稿：

a. 勾画出透视图中对园林空间起决定性影响的框架，准确限定空间的尺度和形态，这一步骤比绘制任何精美的细节更重要(图 4.2.11)。

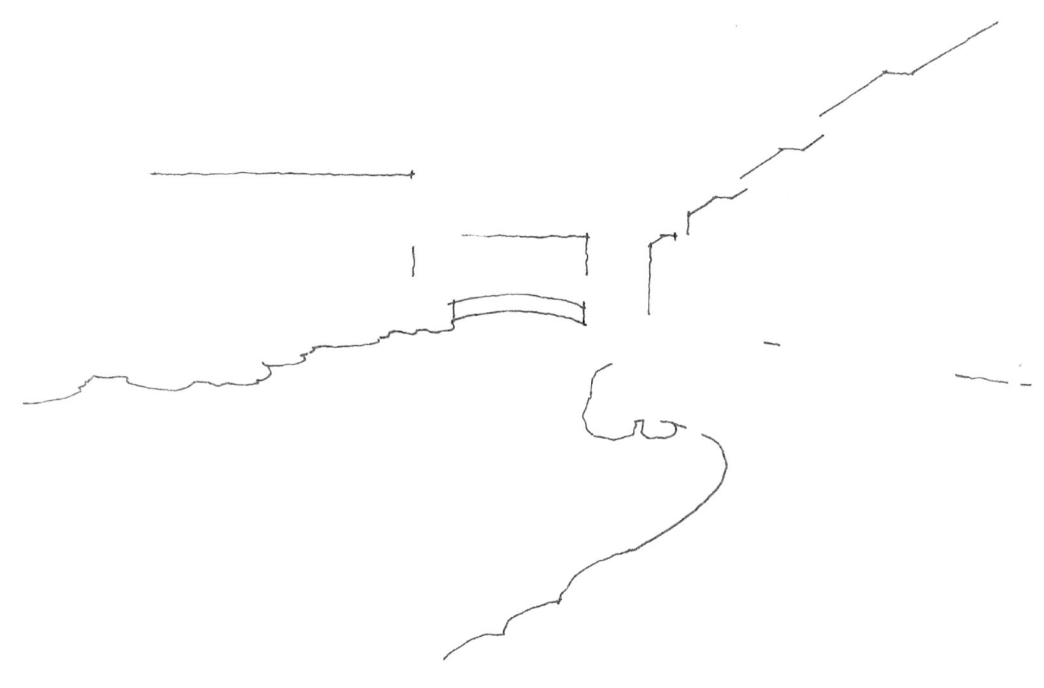

图 4.2.11 第一步，先画出空间结构

图片来源：自绘，绘于复印纸

b. 在准确的框架基础上增加对景观有重要影响的要素，这一步骤重在准确表现各要素之间与位置、尺度、功能的关系(图 4.2.12)。

图 4.2.12 第二步，画出决定尺度的主要元素

图片来源：自绘，绘于复印纸

c. 增加细节,先从重要细节开始,逐步过渡到一般性的细节(图 4.2.13)。

图 4.2.13 第三步,逐步增加细节

图片来源:自绘,绘于复印纸

d. 增加人物、自行车等配景,不可随意添加或单纯为了构图而添加,应依据该空间的设计,以配景准确表现出空间的各部分功能。图 4.2.14 中的各类人物展示了这个空间各部分的功能及进一步细化设计时必须考虑的细节:水体的断面结构应适于划水要求,邻近驳岸处有安全水深距离,场地主要用于日常生活休闲等等。

图 4.2.14 第四步,增加人物表示场地功能

图片来源:自绘,绘于复印纸

② 依据空间类型选取明度模型，表现光影效果（参照第二章中的表 2.3.1 及阴影原理） 首先，选取白、黑、灰模型，将前景、中景和背景的明度大致区分出来；然后加强中景的明暗对比；第三，注意依据光照方向画出退晕效果（图 4.2.15）。

图 4.2.15 第五步，增加阴影

图片来源：自绘于复印纸，原图来自[美]雷吉特.绘画捷径——运用现代技术发展快速绘画技巧[M].田宏，译.北京：机械工业出版，2004

③ 整体修整 按照表 2.3.1 检查前景、中景和背景三者的明度关系。

4.2.2 铅笔绘图技法

1）线条

画线时一般选用 2H、3H 铅笔绘底稿，用 HB、B 铅笔描粗。画粗实线用 2B 或 B 铅笔；画细实线、细点划线和写字，常用 H 或 HB 铅笔。铅笔线条一般采用 3 种线条：等轻重线、端部加重线和逐渐加重线。前两种线按照本章“通用技法”中“线条”的有关内容绘制。逐渐加重线是铅笔所特有的，主要用于透视图的绘制，强调线条加重部分，表示由实到虚的过渡（图 4.2.16）。

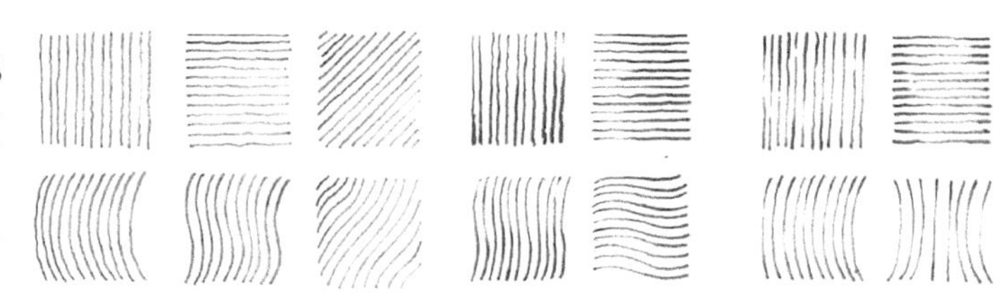

图 4.2.16 铅笔线条举例 图片来源：自绘，铅笔绘于草图纸

2）笔触

虽然铅笔不能表现色彩，但能形成明度对比鲜明的各种黑、灰色块。铅笔的涂色有两种方法：平涂或渐变。铅笔的笔触形式主要有 3 种：表现质感的笔触；规则式的排线；灰色块面和素描笔触。用笔的姿势如图 4.2.17 所示。

（1）表现质感的笔触 通常结合线条，表现物体的形态和质感，如描绘墙面、树木、

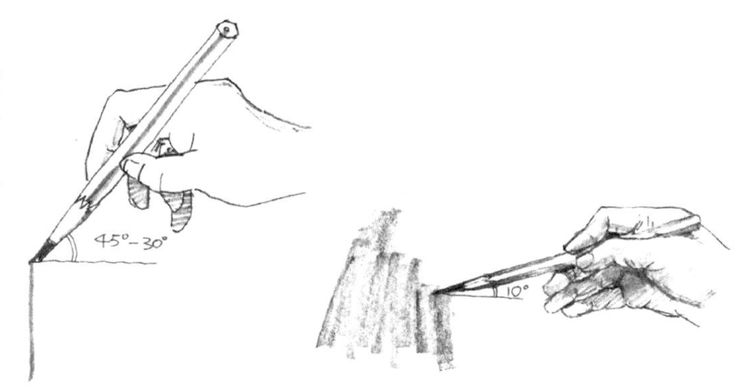

图 4.2.17 铅笔的用笔姿势 图片来源：自绘，铅笔绘于草图纸

草地等。绘制表现图时遵循“笔随形走”的原则。表现质感的笔触可以很严谨，也可以很自然，具体要依据表现对象的特点，比如现代园林一般具有简洁、流畅的特点，绘制这类表现图，笔触可以适当严谨一些，图面会显得简明、干练，容易将观看者的注意力吸引到图中的信息上；在表现中国传统园林或纯自然景观时，笔触可以自然一些，变化丰富一些，重在突出所表现的园林空间的意境，引发观看者的想象(图 4.2.18)。

图 4.2.18 铅笔笔触表现质感

图片来源：自绘于复印纸

(2) 规则式的排线　排线用于表现光影，有时可单独运用，有时与表现质感的笔触混合运用。这种笔触一般用于两种情况：一是物体表面材料质感比较单一、光滑整洁；二是表现对象为风格简洁的现代园林。运用规则式的排线时，排线的方向结合表现对象的形体结构，一般与形体边界平行、垂直或者为 45°斜线(图 4.2.19)。对于现代园林表现图，可用尺规辅助作图，效果更强烈。

图 4.2.19 用规则排线表现现代景观

图片来源：自绘于草图纸

(3) 灰色块面　用粗笔可以画出衔接自然的各种均匀的或渐变的灰色块面，这是铅笔所特有的笔触形式，可以用来表现细腻的光影效果(图 4.2.20)。

图 4.2.20　用灰面表现建筑体块以及环境的空间层次

图片来源：自绘于草图纸

(4) 素描笔触　素描笔描是传统的描绘石膏像等静物时所运用的笔触。这种笔触可以塑造层次丰富的光影效果，但耗时长，并使表现图缺乏设计图纸所应有的设计感，因此不推荐采用。对于大学一、二年的学生而言，绘制表现图往往受先前素描课的影响，习惯用素描的笔触涂色，将注意力从图纸的信息上转到笔触上，这是一种本末倒置的做法，致使很多学生的表现图出现空间结构不清，表现目的不明确等问题。

3） 退晕

绘图铅笔能有效地表现各种退晕效果，有多种方法：可以用排线形成退晕效果；可以用粗笔形成无笔触效果的灰面；或者以表现质感的笔触形成退晕效果(图 4.2.21)。

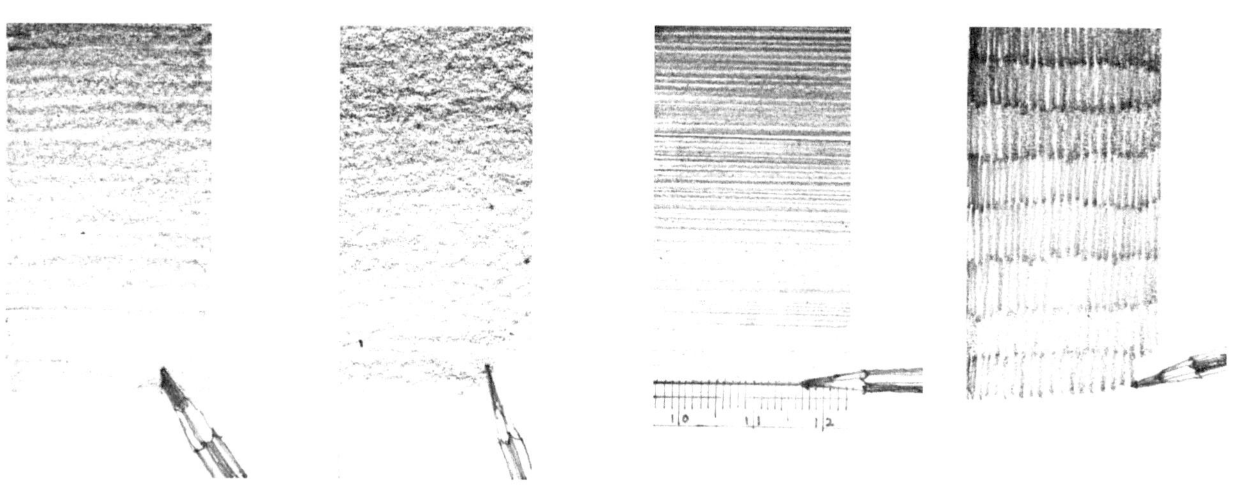

图 4.2.21　铅笔退晕方法

图片来源：自绘于复印纸

4） 铅笔单色渲染技法

(1) 平面图　首先按照第二章中"线条加工"的规定完成线条等级明确、线型正确的线稿，然后按照第二章中"明度分级"和"阴影绘制"的有关内容将图面的明度分为黑、灰、白 3 个层次。渲染时注意下几点：

① 突出图形的边界　如道路、场地的边界，排线时线的方向边界垂直或成 45°。笔触必须与图形边界相接，不可出现留白现象(图 4.2.22)。

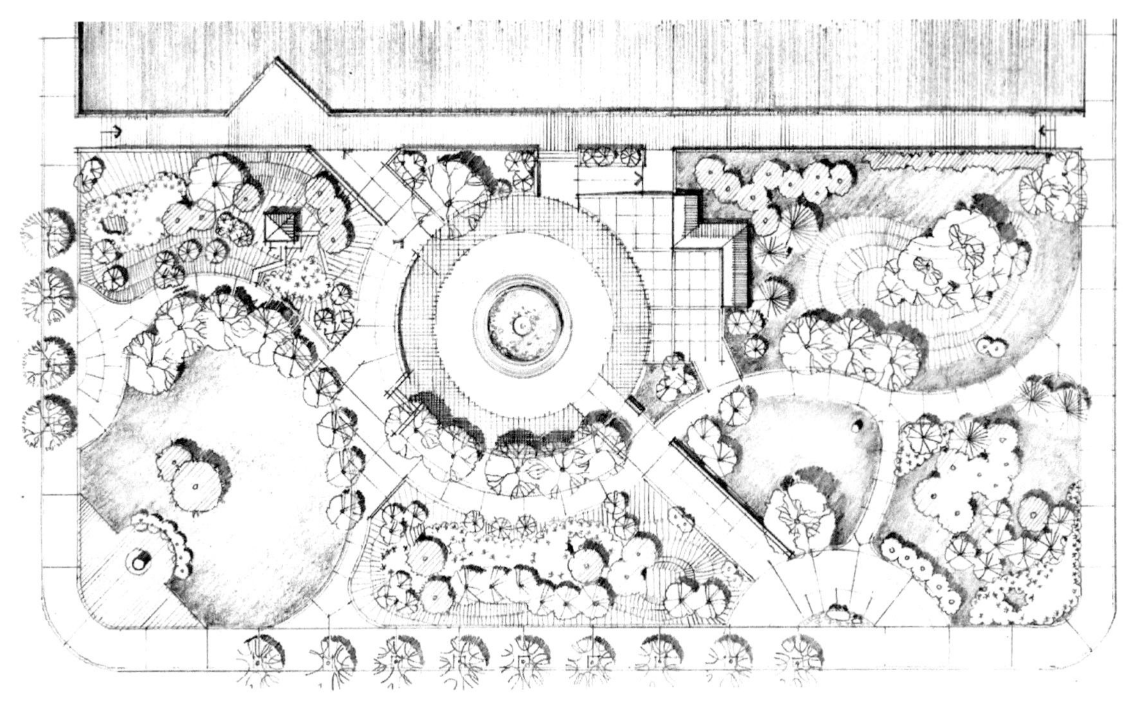

图 4.2.22 铅笔渲染平面图举例

图片来源：自绘于草图纸

② 笔触尽量保持统一　笔触与笔触之间紧密结合，不能留太多缝隙；这些会使图面出现大量的对比，容易造成图纸信息的混乱。

③ 绘图时从上至下、从左至右，可避免擦脏图面。

(2) 透视图　铅笔渲染透视图的主要优势在于其较强的光影表现力，因此铅笔透视图基本上是写实风格的。铅笔表现光影效果有两种方法：对于表面材料质感比较丰富、明显的对象，用笔触加以真实、细致的描绘，由于铅笔能画出浓淡效果，所以可画出明暗变化；对于表面材料质感比较单一、光滑整洁的对象，通过排线或灰色块面等笔触画出光影效果。园林的铅笔透视图往往是两种方法的结合，画出质感后，再覆一层灰色以强化阴影效果(图 4.2.23)。

图 4.2.23 铅笔渲染透视图举例

图片来源：自绘于草图纸

结合第二章中的"明度分级"原理，铅笔渲染透视图的具体步骤如下：

① 按要求完成线稿(步骤参考针管笔技法)；

② 依据空间类型选取明度模型，表现光影效果(过程与针管笔技法一致)；

③ 整体修整。

4.2.3 彩色铅笔绘图技法

从技法上讲，彩色铅笔和普通的绘图铅笔没有多少差别，但彩色铅笔有其特殊性：首先，色彩较淡，颜色的纯度、明度均不高，较难形成层次鲜明、对比强烈的图面效果；其次，由于色彩较淡，大面积涂色时较为费时，因此画幅不宜太大。

1) 笔触

彩色铅笔的笔触大致有以下几种类型(图 4.2.24)：

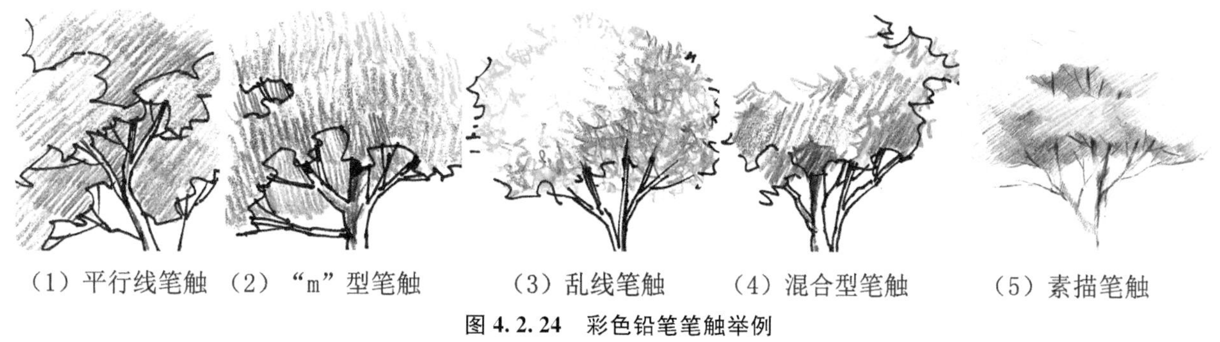

(1) 平行线笔触　(2) "m" 型笔触　(3) 乱线笔触　(4) 混合型笔触　(5) 素描笔触

图 4.2.24　彩色铅笔笔触举例

图片来源：自绘于复印纸

(1) 平行线　以一组短平行线组成一个笔触，绘制单根线条时，采用端部加重线，不能过细，线条粗细至少保持针管笔绘图中线的级别。这种笔触有很强的视觉张力，宜于强调形体的边界，适合塑造物体的形体。

(2) "m"型笔触　即连续"短平行线"，速度快，自由，轻松，很适宜表现植被的质感。

(3) 乱线笔触　以乱线组成的笔触。这种笔触构成的画面效果统一而别具风格，但乱线笔触仅适用于透视图，因此，难以保持平面图、立面(剖面)图、透视图等着色风格的统一性。另外，采用乱线笔触绘图时，握笔的手要长时间保持一种不规则的抖动姿势，易疲劳。

(4) 混合型笔触　前几种笔触的自由组合与混用，在快速表现或草图表达中运用较多。

(5) 素描笔触　即以传统的静物素描的短线笔触，单根线条两头尖中间粗，笔触的方向随描绘形体的变化而相应地改变。尽管这种笔触画出的表现图细腻、精致，但这种线条组成色块时，由于两端尖，容易形成空隙，需要铺设多层，才能将色块涂画均匀，因此耗时太长，所以不推荐采用。

2) 退晕

彩色铅笔的退晕技法与普通绘图铅笔有些不同，靠粗笔画出无笔触效果的退晕色块难度较高，所以只能通过笔触的大小、浓淡变化实现退晕。以上几种笔触都可以形成不同程度的退晕效果(图 4.2.25)。

(1) 平行线笔触退晕

(2)"m"型笔触退晕

(3) 乱线笔触退晕

(4) 素描笔触退晕

图 4.2.25　彩色铅笔退晕举例

图片来源：自绘于复印纸

3）渲染

（1）平面渲染　渲染的原理参照第二章的相关内容，渲染时用笔的技法与一般绘图铅笔无异，渲染时注意以下几点：

① 由于彩色铅笔颜色较淡，图面的对比效果不明显，应加强平面线稿的线条等级效果。

② 涂色时，笔触必须与图形边界相接，不可出现留白现象，笔触尽量保持统一，笔触与笔触之间紧密结合，不能留太多缝隙。

③ 需注意在表现图中色彩有一定的信息表达和控制的作用，不可将其简单地当作美化图面的手段。

④ 渲染的图幅不可太大，彩色铅笔比较适合渲染大比例的设计图纸（图 4.2.26，图 4.2.27）。

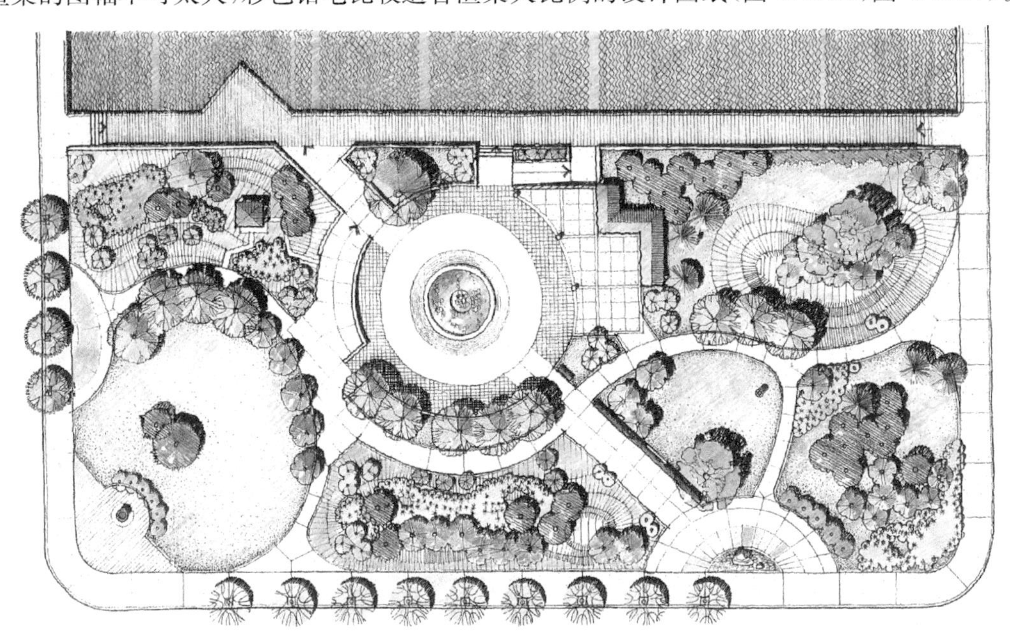

图 4.2.26　彩色铅笔渲染设计平面图举例

图片来源：自绘于复印纸

图 4.2.27　彩色铅笔渲染规划平面图举例

图片来源：自绘于复印纸

(2) 透视图渲染　用彩色铅笔渲染的透视图从风格上分主要有以下 3 种类型：

① 写实型　彩色铅笔尽可能真实地表现对象的光影效果、质感肌理，其技法与普通绘图铅笔几乎一致(图 4.2.28)。

图 4.2.28　写实型的彩色铅笔透视图

图片来源：[美]GRICE G. 建筑表现艺术 1[M]. 天津：天津大学出版社，1999.

② 程式化型　笔触、色调基本形成了某种固定的搭配，绘图过程模式化。这种渲染方法的优点是可使多人绘制的图保持统一的风格，因而设计事务所大多采取这种渲染风格，容易形成鲜明的识别性。但缺点也显而易见：绘图的程式化可能导致设计的程式化(图 4.2.29)。

图 4.2.29　程式化型的彩色铅笔透视图

图片来源：自绘于复印纸

③ 钢笔淡彩型　绘制底稿时用针管笔(或者钢笔)将光影效果表现出来,彩色铅笔只用于平涂上色。这种方法避免了完全依靠色彩组织画面时的困难,很适合缺乏色彩功底的绘图者,但前提是墨线稿必须绘制得较为精彩,否则图面会显得粗糙(图 4.2.30)。

图 4.2.30　钢笔淡彩型的彩色铅笔透视图

图片来源:自绘于复印纸

以程式化技法为例,结合第二章中的明度分级和色彩表现原理,具体渲染步骤如下:

① 按要求完成线稿(步骤参考针管笔技法)。

② 依据空间类型选取明度模型。

③ 按照前景、中景和背景色彩安排规律(见第二章表 2.4.3)及表现对象的色彩特征挑选所需的颜色。

④ 根据表现对象的特点(城市景观或自然风景)以及对整个设计图纸表达的整体设想,选取渲染所用的笔触。

⑤ 表现光影效果　从背景开始上色,使中景的轮廓呈现出来,然后对前景上色,最后是中景,这样的上色顺序使三个景的色彩能保持正确的对比关系。在画中景时,先画所有景物的固有色部分,再画暗部。

⑥ 整体修整　按照表 2.3.1 和表 2.4.3 核对图中各项关系。

4.2.4　马克笔绘图技法

1) 笔触

水性马克笔的笔触明显,两笔叠加以后,交叉的部分较深。酒精性马克笔的笔触不明显,用一支笔绘出的笔触,叠加后几乎无变化。马克笔的笔触可以分为 3 类(图 4.2.31,图 4.2.32):

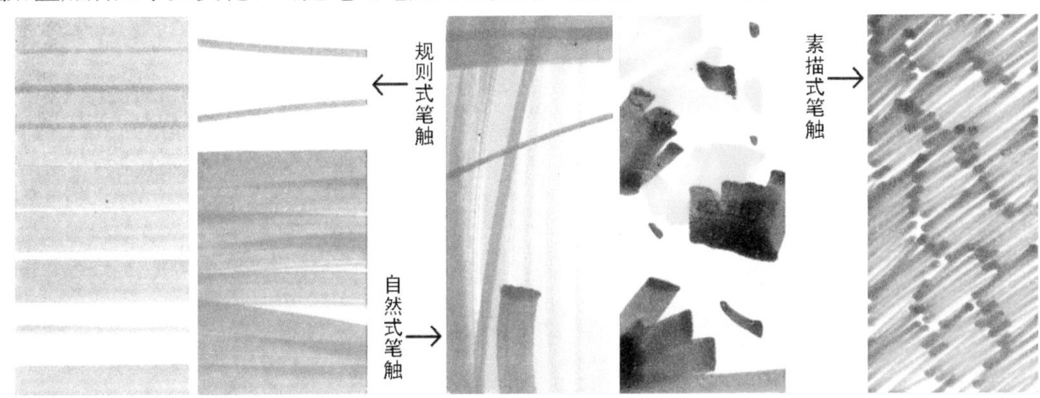

图 4.2.31　马克笔笔触的类别

图片来源:自绘于复印纸

图 4.2.32　马克笔笔触的实例

图片来源：自绘于复印纸

(1) 规则式笔触　单个线条粗细均匀，相邻的线条平行且边界恰好相接，绘制这种笔触可借助于直尺等工具。这种笔触适合水性马克笔，且宜于绘制建筑透视效果图，适合初学者学习。

(2) 自然式笔触　笔触没有固定的形状，随着所描绘对象的结构而变化，即"笔随形走"。这种笔触较难掌握，没有一定的美术基础，在学习初期，画面会显得零乱琐碎。

(3) 素描式笔触　有的绘图者偏爱用钢笔素描笔触或者"m"型笔触，即用马克笔的细笔头绘出连续"短平行线"，用于大面积涂色，形成一种整齐的肌理效果。

以上三种笔触有一些共同的规律：

首先，笔触与图形边界相接，不可出现与任何边界都脱离的笔触，因为这类笔触会使图面增加不必要的对比。

其次，图形边界处的笔触可适当重叠，加深颜色，强调边界。

第三，同一套图纸中所有表现图包括平面图、立面图、透视图等的笔触风格应保持统一。

2）退晕

马克笔色彩鲜明，颜色不融合，一般难以画出渐变退晕的效果(图 4.2.33)。如果刻意要追求渐变退晕，则需要采用湿画法，即在前一笔未干的情况下快速下笔，或者事先将一直用的干的马克笔里灌入清水，在上色之前，用这支笔轻轻地涂抹上色区域一遍，然后快速下笔(图 4.2.34)。以马克笔笔触的疏密，配合色彩的浓淡变化来绘制分格退晕的效果，最能体现出马克笔明快的图面特点，还可以借助于彩色铅笔或色粉笔辅助马克笔绘制退晕效果(图 4.2.35)。

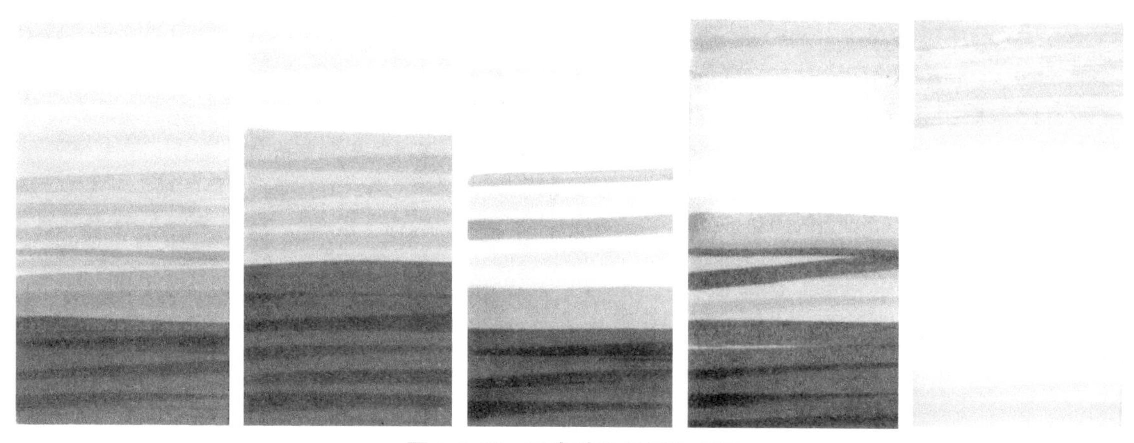

图 4.2.33　马克笔退晕技法举例

图片来源：自绘于复印纸

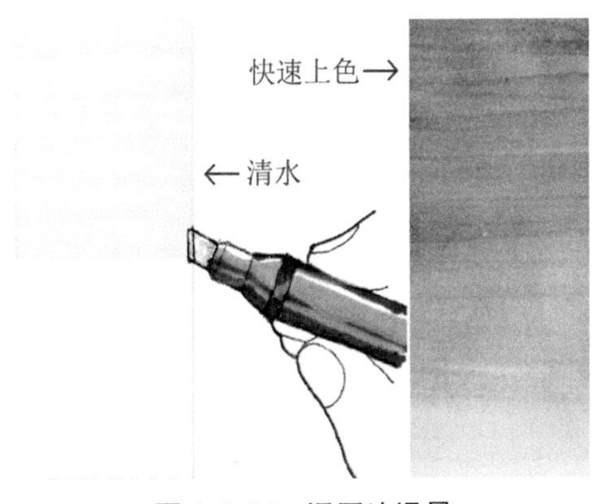

图 4.2.34　湿画法退晕

图片来源：自绘于复印纸

图 4.2.35　彩色铅笔、色粉笔辅助马克笔退晕

图片来源：[美]道尔.美国建筑师表现图绘制标准培训教程[M].李峥宇，朱凤莲，译.北京：机械工业出版社，2004.

3）渲染

（1）平面渲染　首先要区分规划平面图与设计平面图，渲染的具体原理参照第二章的相关内容，操作时注意以下几点：

① 马克笔笔头大，颜色有一定的渗洇，图幅不宜太小，纸张大小一般在 A3 以上，这样在涂色时才能保证颜色不会溢出边界，能深入刻画细节。

② 如要得到色彩鲜明的效果采用渗透性强的纸张，如复印纸、白卡纸等；如果希望获得柔和、协调的图面效果，可采用半透明的纸张，如硫酸纸、描图纸。

③ 选择、安排色彩时，仔细参考第二章中"色彩安排"的有关内容，充分考虑色彩的信息表达和控制的作用，不可将其简单地当作美化图面的手段。

④ 涂色时，笔触必须与图形边界相接，不可出现留白现象，笔触尽量保持统一，笔触与笔触之间紧密结合，不能留太多缝隙，不要过于追求笔触的形式，必要时完全平涂也是可行的。

⑤ 渲染规划平面图时尽量减少笔触痕迹，以保证涂色的准确性；渲染设计平面图时，可适当运用笔触活跃画面(图 4.2.36)。

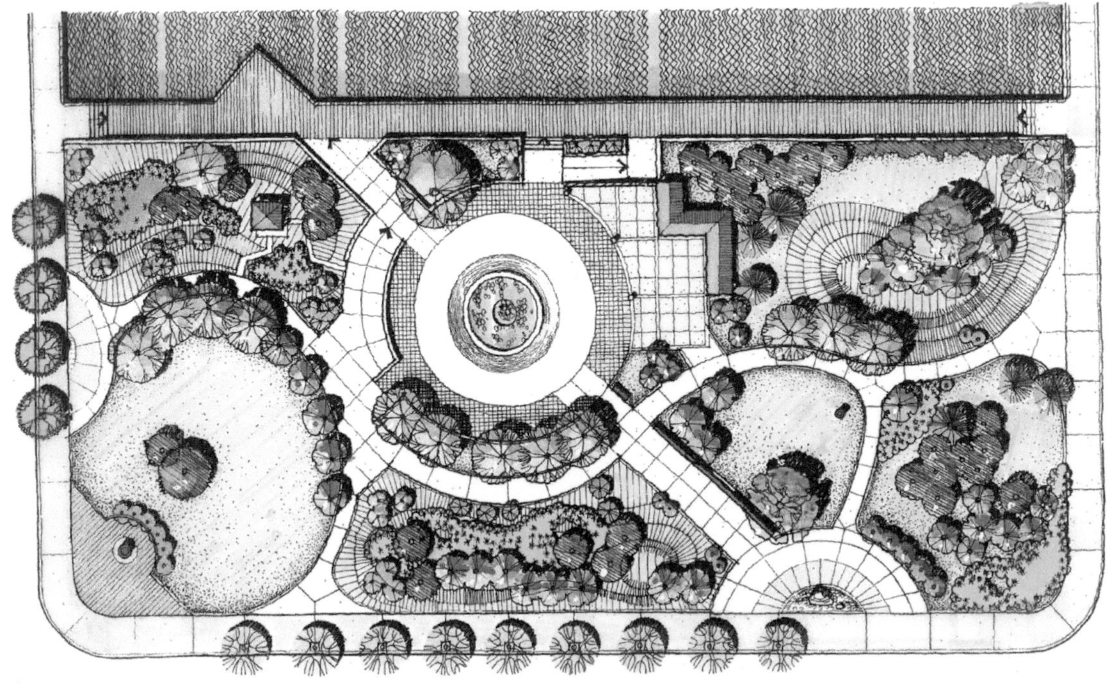

图 4.2.36　马克笔退晕技法举例

图片来源：自绘于草图纸

（2）透视图渲染　马克笔渲染的透视图按风格可以分为以下 4 种：

① 写实型　尽可能真实地表现对象的光影效果、质感肌理(图 4.2.37)。

图 4.2.37　写实型马克笔透视图举例

图片来源：[美]麦加里 R，马德森 G. 美国建筑画选——马克笔的魅力[M]. 白晨曦，译. 北京：中国建筑工业出版社，1996.

② 写意型　通过简练概括的笔墨，着重描绘物象的意态神韵，抒发作者的情趣。绘制这种具有绘画风格的表现图要求绘图者有较好的绘画基础(图 4.2.38，图 4.2.39)，其技法更接近于水粉技法。

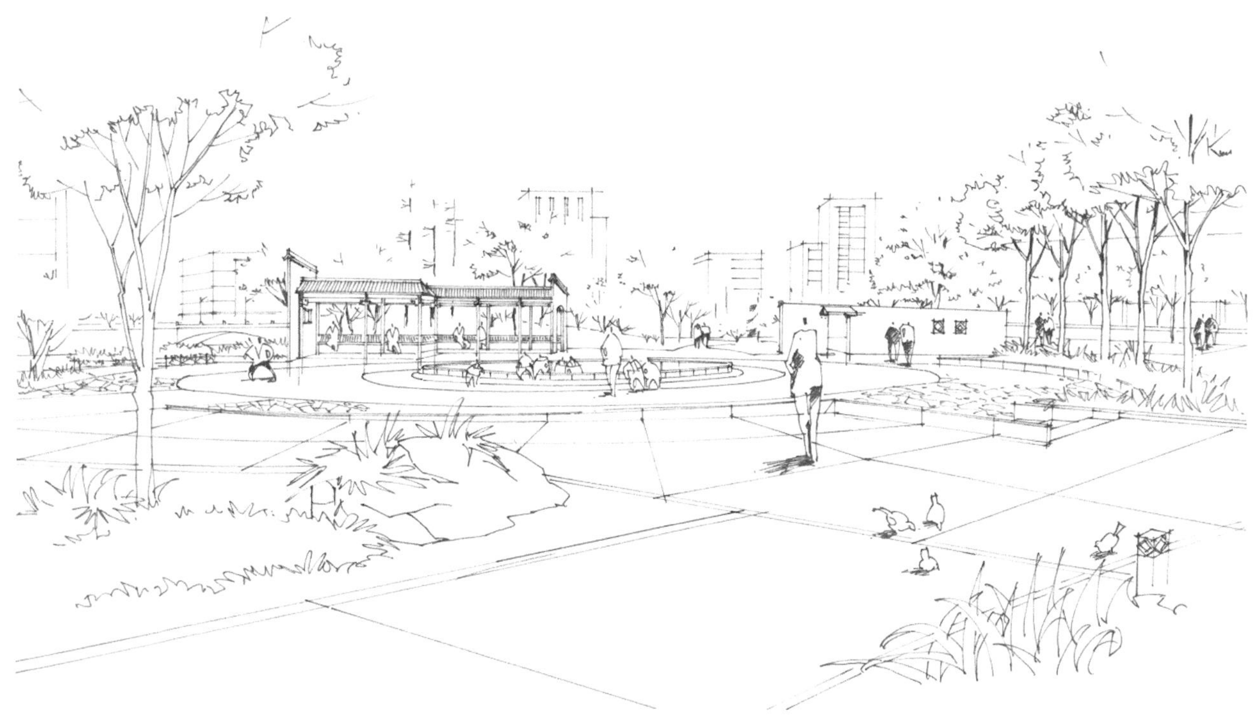

图 4.2.38　写意型马克笔透视图针管笔底稿

图片来源：自绘于复印纸

图 4.2.39　写意型马克笔透视图举例

图片来源:自绘于复印纸

③ 程式化型　笔触、色调基本形成一种固定的搭配、一种模式。这种渲染方法能使多人绘制的图保持统一的风格,设计事务所大多采取这种渲染方式,且容易形成独特的图纸风格,增强设计单位的识别性。对于不同的人而言,可以自己设计渲染程式,比如有的绘图者喜欢在硫酸纸背面上色,色彩的纯度较低,整体效果比较雅致(图 4.2.40,图 4.2.41)。

图 4.2.40　程式化型马克笔透视图针管笔底稿

图片来源:自绘于草图纸

图 4.2.41 程式化型马克笔透视图举例

图片来源:自绘于草图纸

④ 钢笔淡彩型　绘制底稿时用针管笔(或者钢笔)将光影效果表现出来,马克笔只用于平涂上色,很适合缺乏色彩功底的绘图者(图 4.2.42～图 4.2.44)。

图 4.2.42 钢笔淡彩型马克笔透视图针管笔底稿

图片来源:自绘于草图纸

图 4.2.43　钢笔淡彩型马克笔透视图举例

图片来源：自绘于复印纸

图 4.2.44　钢笔淡彩型马克笔透视图举例

图片来源：自绘于草图纸

以程式化型为例，结合第二章中的明度分级和色彩表现原理，具体渲染步骤如下：

(1) 按要求完成线稿(步骤参考针管笔技法)。

(2) 依据空间类型选取明度模型。

(3) 按前景、中景和背景色彩安排规律(见第二章表 2.4.3)及表现对象的色彩特征挑选所需颜色。

(4) 根据表现对象的特点(城市景观或自然风景)以及对整个设计图纸表达的整体设想选取渲染所用的笔触。

(5) 表现光影效果,用纯度较低、较冷的色彩从背景开始上色,使中景的轮廓呈现出来,然后用纯度较高、较冷的色彩对前景上色,最后画中景。在画中景时,按照如下顺序:

① 大面积相同或接近的色彩同时画,如草地、地被、乔灌木,然后是水面或铺地,这些色彩基本奠定了图面的基调,一旦这部分颜色画错,应停止继续作画,考虑重画。建筑小品等面积较小的部分应放在后面画。

② 先画浅色,即亮部先画,再画暗部。一旦亮部的颜色画太深,就难以保证亮部和暗部足够的对比度,所以如果亮部颜色出错,应停止继续作画,考虑重画。

③ 整体修整,按照表 2.3.1 与表 2.4.3 核对图中各项关系。

5 技法详解二——要素表现

本章对风景园林表现图中各要素(如地形、水体、植物和建筑等)的表示方法加以讲解,并结合第四章中的四类分类技法列举相应的实例。植被一节是风景园林表现图的重点和难点,是区别于建筑设计、城市规划设计表现图的重要内容,该节内容复杂,应仔细阅读,反复练习,方能融会贯通,熟练掌握。

5.1 地形

5.1.1 一般地形的表现

1) 平面表现

园林地形的平面表现通常要借助于等高线。等高线是一组垂直间距相等、平行于水平面的假想面,与自然地貌相交切所得到的交线在平面上的投影(图5.1.1)。

等高线一般以细实线绘制,如果在图中同时画出原地形及设计地形,那么原地形以细虚线绘制,设计地形以细实线绘制。在园林表现图中一般不需要在等高线上标注高程,而采用分层设色法或坡级法形象地表示地形的高低陡缓、峰峦位置、坡谷走向及溪池的深度等内容。

(1) 分层设色法　是在地形图上,以一定的颜色变化次序或色调深浅来表示地形的方法。首先将地形按高程划分若干带;然后选择一种绿色,将其分成深浅不同的若干色阶,按照高程数值越大,色阶越深的原则填充各个高程带(反过来也可以)。这种方法能醒目地显示地形各高程带的范围、地势的变化,具有立体感。

对于大地形而言,建筑一般布置在山脚,因此采用上深下浅的分层设色法将山脚的建筑显现出来(图5.1.2)。而对于园林规划设计项目中常见的小地形、微地形而言,建筑、小品常位于坡顶、半坡,因而可以采用上浅下深的颜色分布方式,容易表现出地形的受光效果。

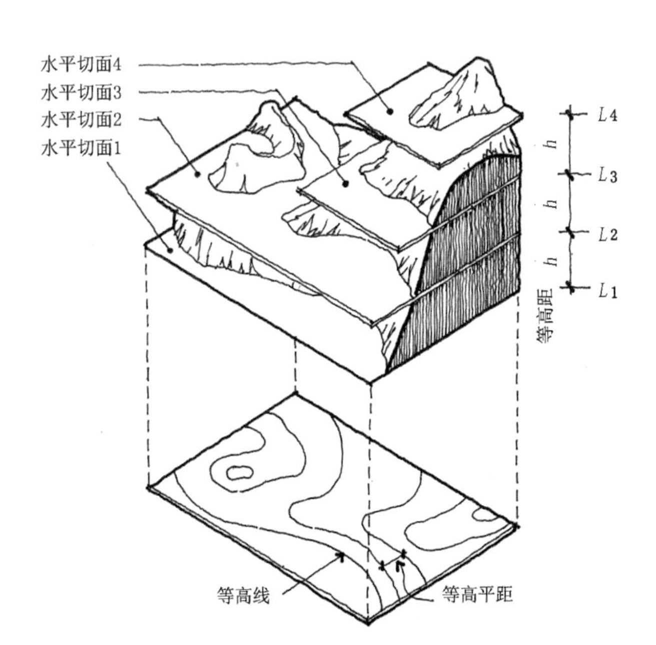

图5.1.1　等高线原理

图片来源:根据王晓俊.风景园林设计[M].增订本.南京:江苏科学技术出版社,2000.改绘,针管笔绘于复印纸

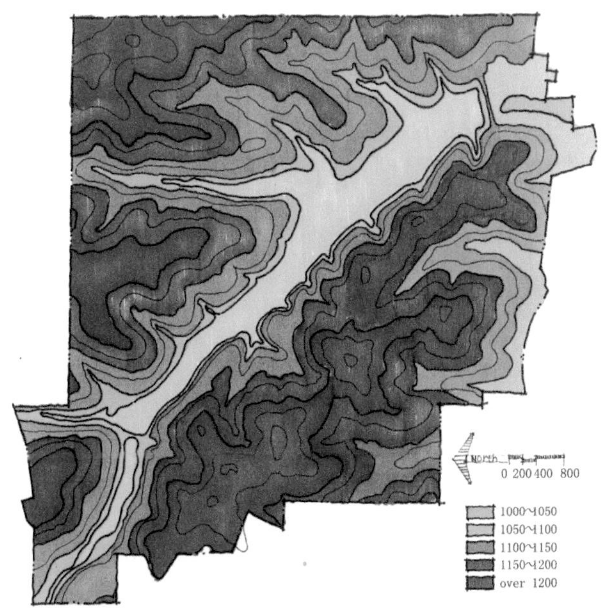

图5.1.2　分层设色法绘制的大地形平面图

图片来源:自绘,马克笔绘于复印纸

（2）坡级法　在地形图上，用坡度等级表示地形的陡缓和分布的方法称为坡级法。这种表示方法比较直观，便于了解和分析地形，对于在坡度变化复杂的山体上设置道路、场地时尤为实用。地形坡级法的作图过程如下：

首先定出坡度等级，根据拟定的坡度值范围用坡度公式 $i=(h/l)\times100\%$，算出临界平距 $l_{5\%}$、$l_{10\%}$ 和 $l_{20\%}$，划分出等高线平距范围；用自制坡度尺在图中标出所有临界平距位置。当遇到间曲线（等高距减半的等高线）时，临界平距相应地减半；最后，用不同的图例填充临界平距所划分的不同坡度范围，可以采用线条或色彩（图 5.1.3）。

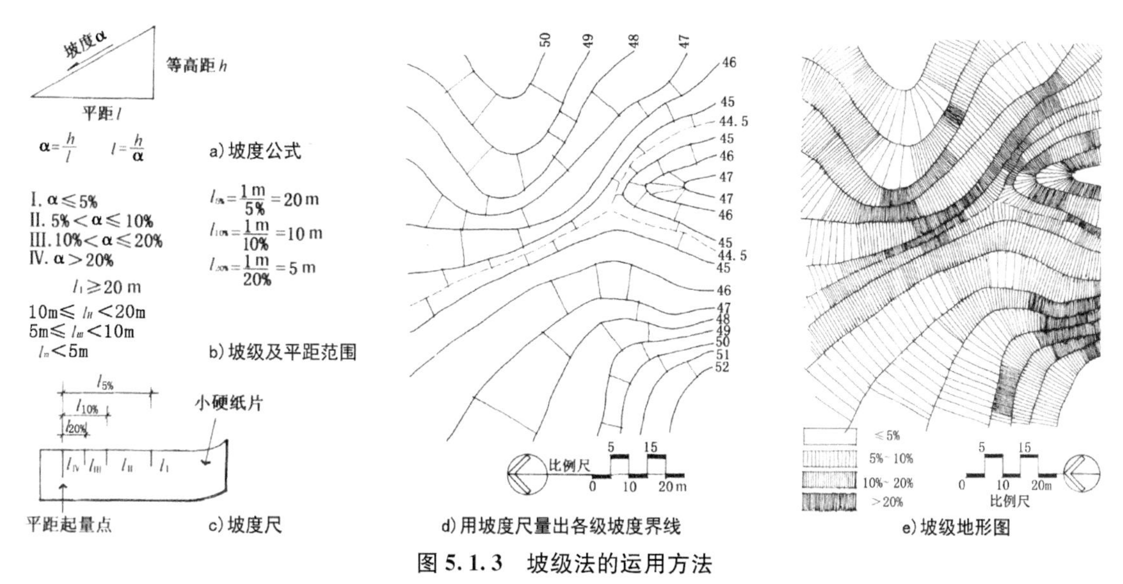

图 5.1.3　坡级法的运用方法

图片来源：王晓俊. 风景园林设计[M]. 增订本. 南京，江苏科学技术出版社，2000.

2）立面\剖面表现

作地形剖面图先根据选定的比例结合地形平面作出地形剖断线，然后绘制出地形轮廓线，加上植被，得到较为完整的地形剖面图（图 5.1.4，图 5.1.5）。

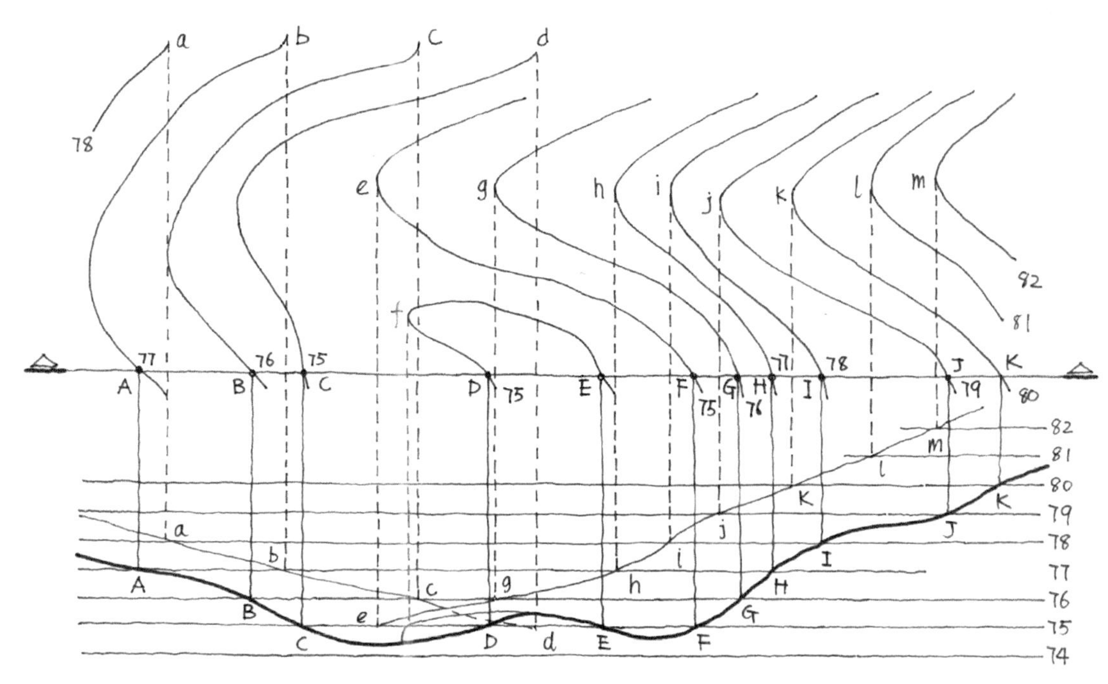

图 5.1.4　地形剖面图的求法

图片来源：摹自王晓俊. 风景园林设计[M]. 增订本. 南京：江苏科学技术出版社，2000. 针管笔绘于复印纸

图 5.1.5 地形剖面的表现

图片来源：自绘，针管笔绘于复印纸

3）透视表现

透视图中的地形表现主要通过光影的刻画、笔触的变化表现出其体积感。地形上的景物也可以用来间接表现地形，比如利用透视规律，将地形上的景物缩小些，表现地形的高度，还可以利用植物在地形上的投影形状表现地形(图 5.1.6～图 5.1.8)。地形与地形上的植被、小品、建筑之间的尺度关系必须准确，否则会导致其中一方的尺度失真。

图 5.1.6 大地形的透视表现

图片来源：[美]雷吉特.绘画捷径——运用现代技术发展快速绘画技巧[M].田宏，译.北京：机械工业出版社，2004.

图 5.1.7　利用地形上的景物(建筑、植被等)透视现象表现地形

图片来源:自绘,针管笔绘于复印纸

图 5.1.8　利用地形上植被的落影表现地形起伏

图片来源:自绘,针管笔绘于复印纸

5.1.2　传统园林中山石地形的表现

传统园林中山石地形从材料上可以分为 3 种类型:土山、石山、土石相间。土石相间包含两种类型:土包石,以土为主;石包土,以石为主。土山的表现方法参考一般地形的表现方法,石山、土石相间两种类型的山石地形的表现关键在于石块的表现。

1) 平面表现

绘制石块平面图时先用粗实线或中实线勾勒石块的轮廓,再用细实线概括地勾画石块的纹理,表现立体感。绘制山石地形平面图应注意山石的布局特点(图 5.1.9,图 5.1.10)。

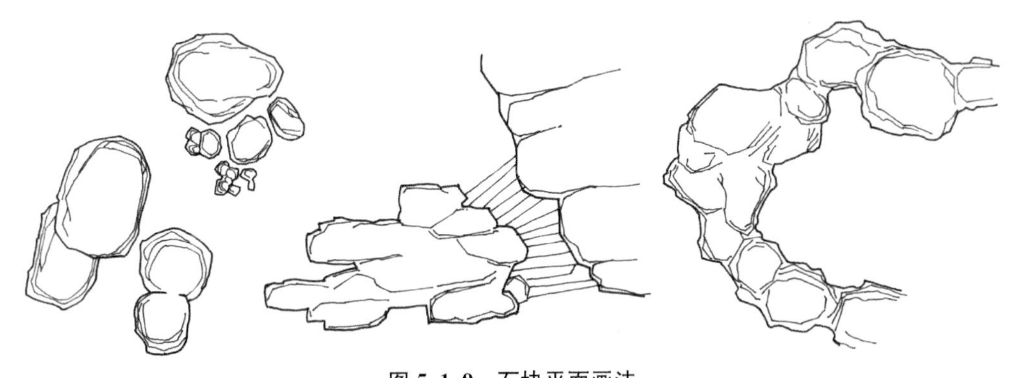

图 5.1.9　石块平面画法

图片来源：自绘，针管笔绘于复印纸

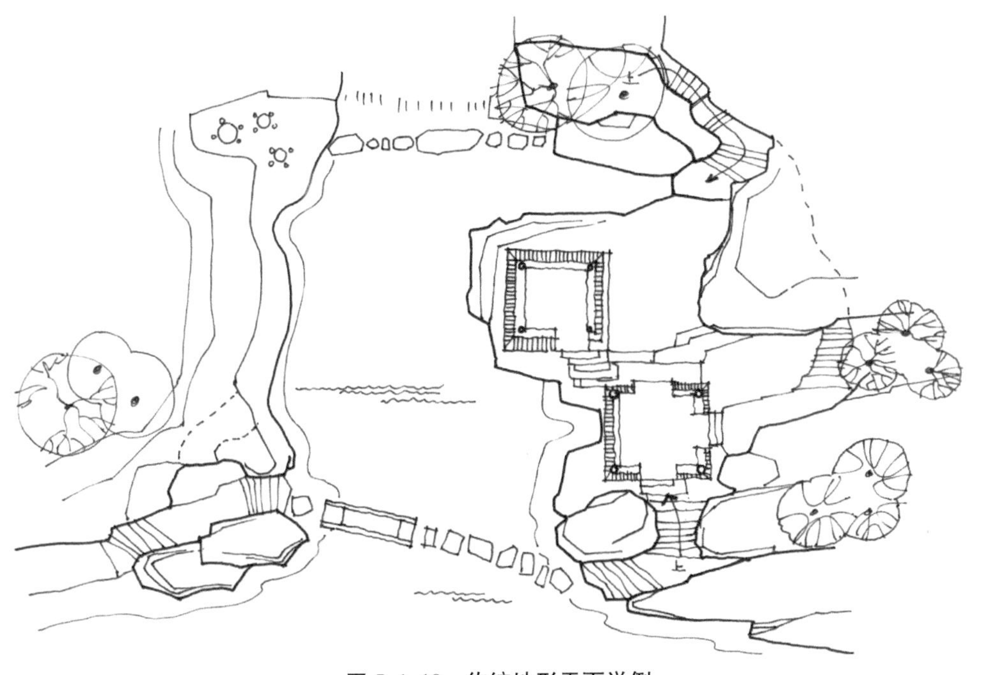

图 5.1.10　传统地形平面举例

图片来源：根据胡德君. 学造园——设计教学 100 例[M]. 天津：天津大学出版社，2000. 改绘，针管笔绘于复印纸

2） 立面\透视表现

传统地形一般为不规则形，其透视与立面画法并无差异。绘制山石地形的立面图、透视图，遵循“石分三面”的原则，先将一石块的轮廓勾勒出来，再用细线将石块分为左、右、上 3 个面，石块就有了立体感。山石的立面、透视表现同平面表现一样，先勾画轮廓，再依据石料的纹理，用细线刻画石纹。不同的石块，其纹理不同，有的浑圆、有的棱角分明，表现时应注意运用不同的笔触和线条(图 5.1.11，图 5.1.12)。

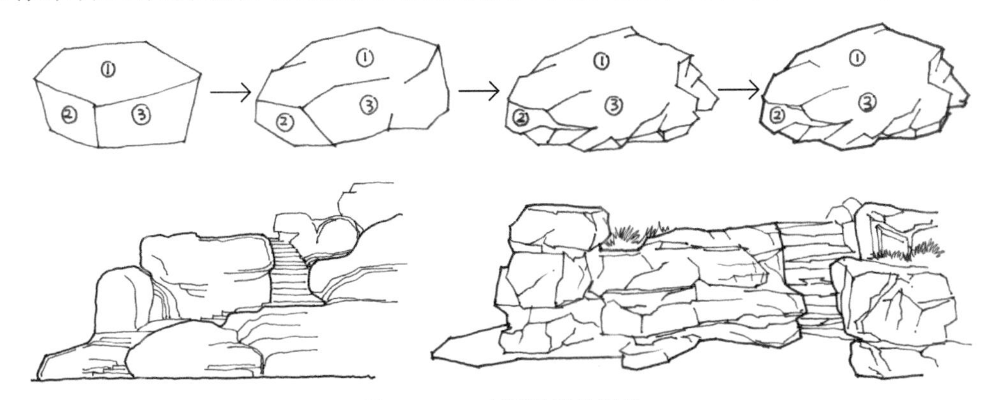

图 5.1.11　山石地形的画法

图片来源：自绘，针管笔绘于复印纸

图 5.1.12 传统地形立面举例

图片来源:根据胡德君.学造园——设计教学 100 例[M].天津:天津大学出版社,2000.改绘,针管笔绘于复印纸

5.2 水体

5.2.1 平面表现

水体驳岸的平面表现形式一般为一条粗线,有时再用一条细线表示常水位线,与驳岸的构造有关,如果是自然式或非垂直式驳岸,平面形式一般为一条粗线加一条细线,粗线表示驳岸线,细线表示常水位线;如果是垂直驳岸,平面形式仅为一条粗线,常水位线与其重合(图 5.2.1)。

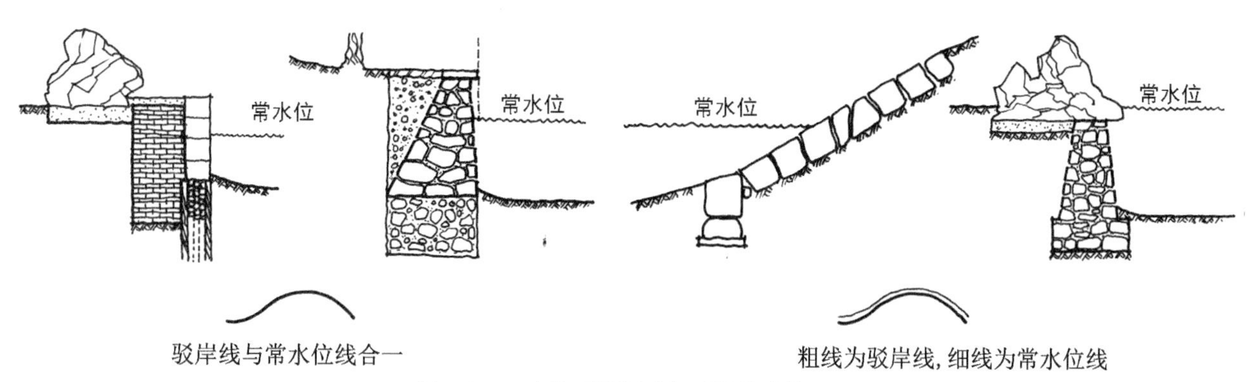

图 5.2.1 水体平面画法与驳岸构造关系图

图片来源:自绘,针管笔绘于复印纸

水面的表现有线条法、等深线法、平涂法和景物法等 4 种方法(图 5.2.2)。

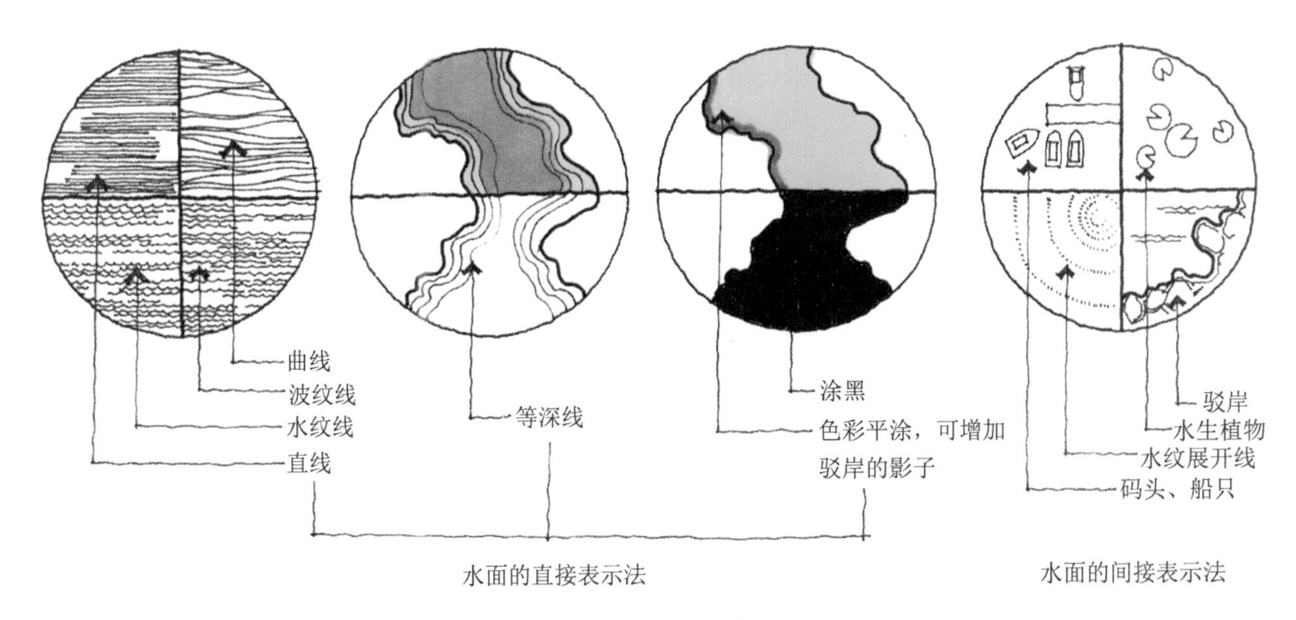

图 5.2.2　水面的各种表示法

图片来源：根据王晓俊.风景园林设计[M].增订本.南京：江苏科学技术出版社，2000.改绘，针管笔、马克笔绘于复印纸

(1) 线条　用工具或徒手排列的平行水平线条表示水面。线条可采用波纹线、水纹线、直线或曲线。线条与驳岸线要相接，可以突出驳岸的线形。

(2) 等深线　在靠近岸线的水面中，依岸线的曲折画两三根曲线，这种类似等高线的闭合曲线，通常用于形状不规则的水面，以等深线表示。等深线法同等高线一样可以分层设色，离岸边较远的水面颜色深。等深线反映出驳岸的坡度和形状。适用于比例不小于 1∶1 000 的总平面图。

(3) 平涂　用色彩或墨色平涂水面的方法，适用于小比例的总体规划图。

(4) 景物　利用与水有关的一些内容表示水面。与水面有关的内容包括：水生植物、水上活动工具、码头和驳岸露出水面的石块及其周围的水纹线，以及水落入水面引起的水圈等等。这种方法适用于比例不小于 1∶500 的大比例的设计图。

5.2.2　立面表现

在立面上，水体的表现采用线条法和留白法。线条法是用细实线或细虚线勾画出水体造型的一种水体立面表示法。留白法是将水体的背景或配景画暗，衬托出水体造型的方法。通常情况下，这两种方法是混合使用的(图 5.2.3)。

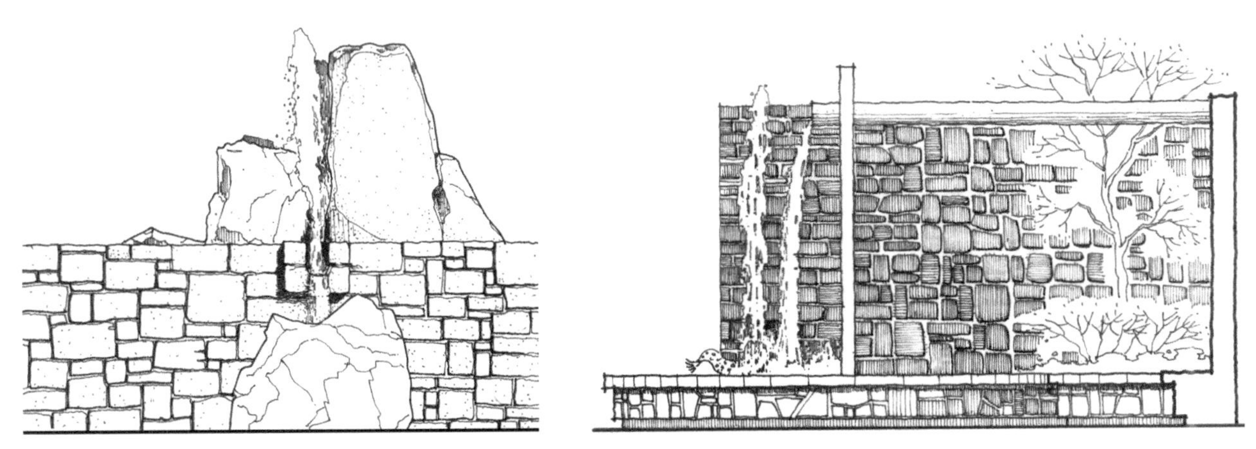

图 5.2.3　水体的立面画法举例

图片来源：自绘，针管笔绘于复印纸

轮廓型的植物平面图例是《风景园林图例图示标准》指定的图例。在实际的绘图工作中有下列几种情况适合选用轮廓型的植物平面图例：

① 绘制规划阶段的小比例图纸中的植物平面图例。对于规模较大的园林项目而言，在其规划阶段前期，总平面的表达深度不要求对植物的种类进行过多的区分，图例的大小也不足以再做更多的图形处理(图 5.3.2)。

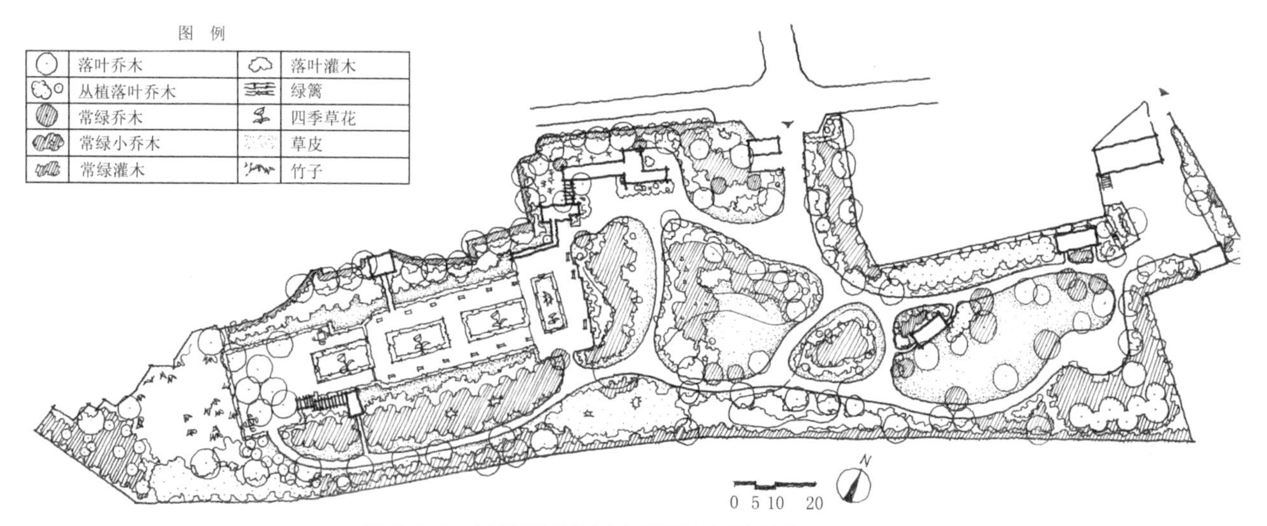

图 5.3.2　以轮廓型的树木平面图例绘制的公园平面图

图片来源：根据中国城市规划设计研究院. 中国新园林[M]. 北京：中国林业出版社，1985. 改绘，针管笔绘于复印纸

② 绘制设计阶段的扩初图纸及施工图中的植物平面图例。这两个阶段的平面图中要区分出所有植被，过于复杂的植物图例会增加识图难度，简单的轮廓型图例反而适用。在植物种类特别多时，图例可简化为一个带数字的圆，圆中的数字与图中附带的植物表中的数字对应。

③ 平面图中需要强调植物的布局及常绿、落叶植物的配比，使用轮廓型图例可达到一目了然的效果。

④ 图纸比例较小或者某些树木的冠径较小时，只能采用轮廓型图例，必要时可略去轮廓的形状变化，只画一个圆，辅以颜色来区分不同树种。

⑤ 需要区分设计场地内原有树木和设计树木。按《风景园林图例图示标准》规定，树干为粗线小圆表示规划设计场地内原有的树木，树干为细线“＋”号则表示设计树木。如果轮廓型图例与分支型、枝叶型和质感型混用，那么其他 3 种图例表示原有树木，带“＋”号的轮廓型图例表示设计树木(图 5.3.3)。

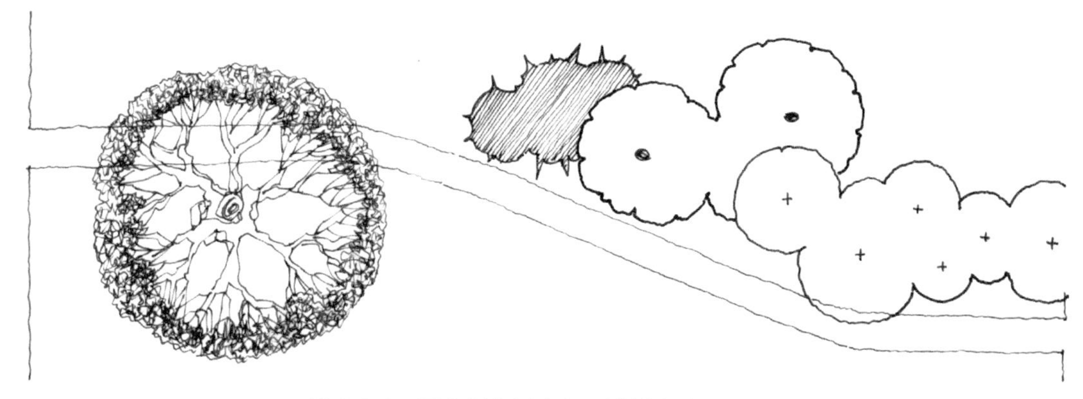

图 5.3.3　区分原有树木和设计树木的平面实例

图片来源：自绘，针管笔绘于复印纸

(2) 分支型、枝叶型和质感型

① 分支型　在树木平面中以线条组合表示树枝或枝干的分叉。分支型常用来表示落叶阔叶树或针叶树(图 5.3.4)。

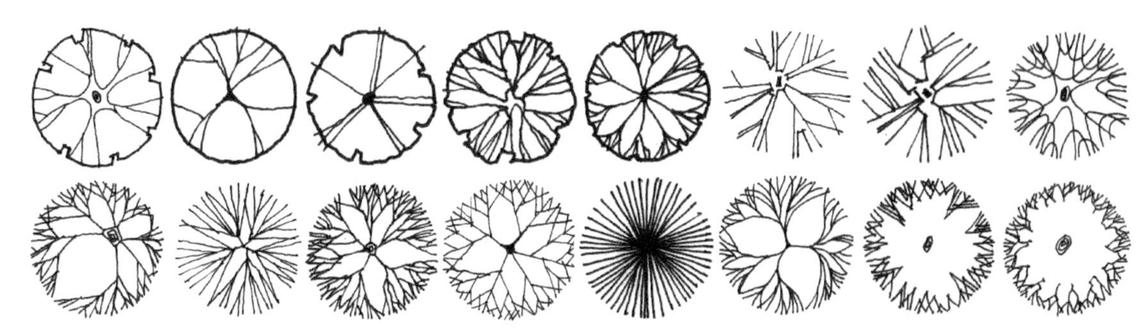

图 5.3.4　分支型的树木平面图例

图片来源：自绘，针管笔绘于复印纸

② 枝叶型　在树木平面中既表示分支、又表示冠叶，树冠可用轮廓表示，也可用质感表示。枝叶型是其他几种类型的组合（图 5.3.5）。

③ 质感型　在树木平面中只用线条的组合或排列表示树冠的质感（图 5.3.5）。

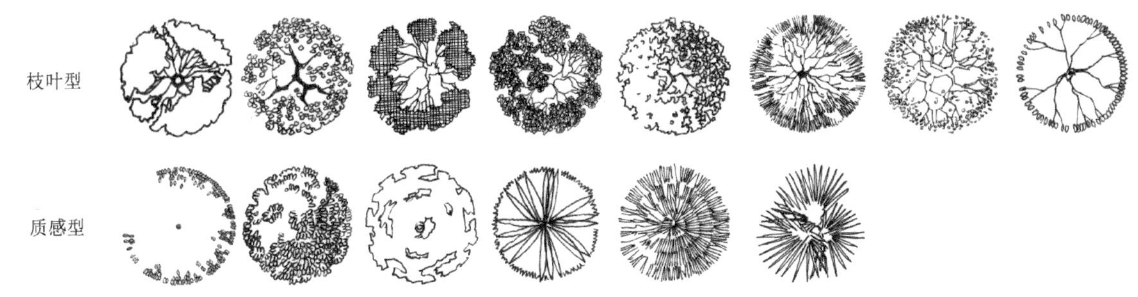

图 5.3.5　枝叶型与质感型的树木平面图例

图片来源：自绘，针管笔绘于复印纸

以上 3 种类型的植物平面图例均比轮廓型复杂得多，其中分支型略为简单些。由于图形的复杂性，这 3 种类型的植物平面图例的运用受到图纸比例的限制，图纸比例一般不小于 1∶500。在实际使用时可采用一些特殊的方法简化图例，比如结合平面图设定的光照方向表现植物图例的受光效果，遵循受光面疏、背光面密的原则绘制图例，在表现场地光照效果的同时使图例有所简化。另外，还可以采用只画出树冠边缘的方法，即只在树冠边缘的部分体现分支型、枝叶型或质感型的特点，使树冠边缘与树干之间的部分保持空白（图 5.3.6）。

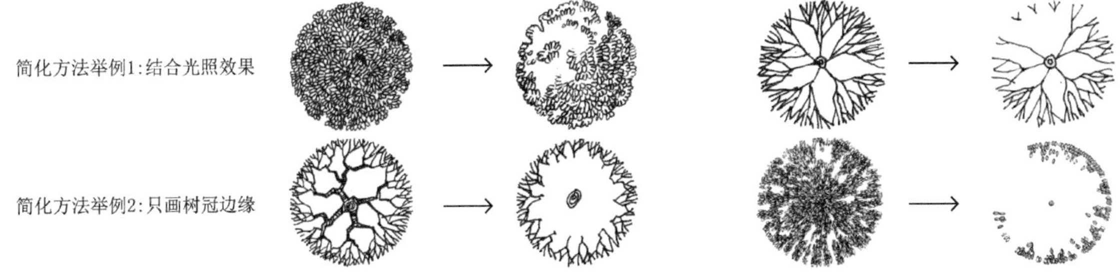

图 5.3.6　分支型、枝叶型和质感型的树木平面图例的简化方法

图片来源：自绘，针管笔绘于复印纸

不管采用哪种方式，绘制树木的平面表现要遵循以下几点：

首先，依据图纸表现的需要选择合适的图例。

第二，图例尽量要简单易读，不应有过多修饰，减少图纸信息量及制图工作量。

第三，不同比例图中的图例要有所差异，图纸比例越小，图例越简单；图纸比例越大，图例可适当复杂些。

第四，不同冠径的图例要有所差异，树冠越大或越小，图例都应趋于简单，而处于两者之间的可适当复杂些。

2）树丛、树群的平面表现

当树木相连时，如树丛、树群，其平面表现要区分如下几种情况(图 5.3.7)：

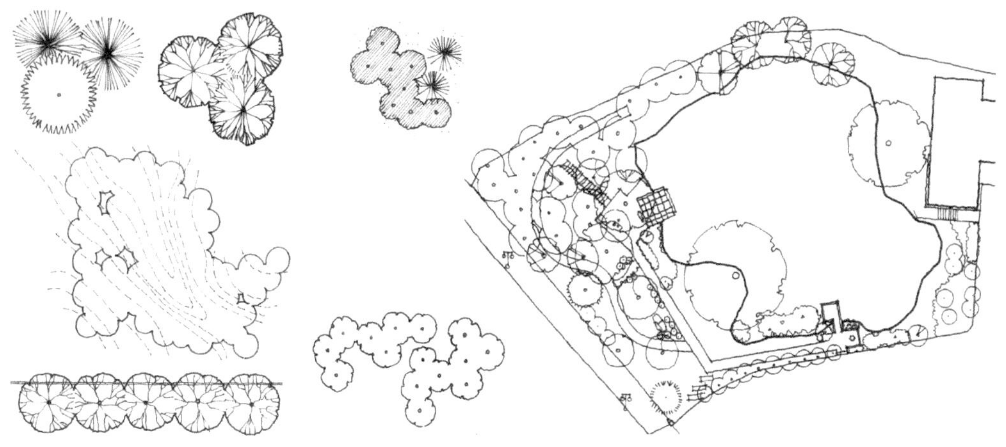

图 5.3.7　树丛、树群的平面表现实例

图片来源：自绘，针管笔绘于复印纸

(1) 体量不同的几株树木相连时，树冠应相互避让，高的覆盖低的。如果树木高度相差悬殊，且低矮树木大部分被高大树木遮盖，那么高大树木应画成透明状，即“树冠的避让”(图 5.3.8)。

(2) 种类相同的几株树木相连时，树冠轮廓可连成一片。

(3) 当表示纯林树群时，根据该种树木的图例树冠轮廓形状勾勒其林缘线。

(4) 当表示混林树群时，以平滑圆弧勾勒其林缘线。

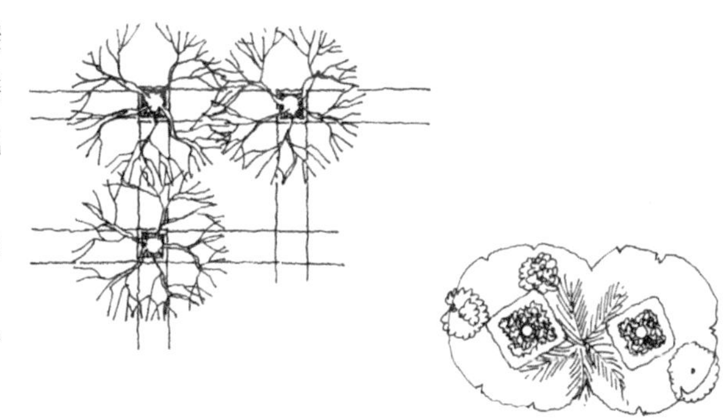

图 5.3.8　树冠避让

图片来源：自绘，针管笔绘于复印纸

3）树木的平面落影

树木的平面落影可以增加图面的对比效果，突出树木、树丛或树群的平面布局形态。树木的落影与树冠的形状、光线的角度以及地面的条件有关。在园林图中常作落影圆，然后擦去树冠下的落影，将其余的落影涂黑，并加以表现(图 5.3.9)。

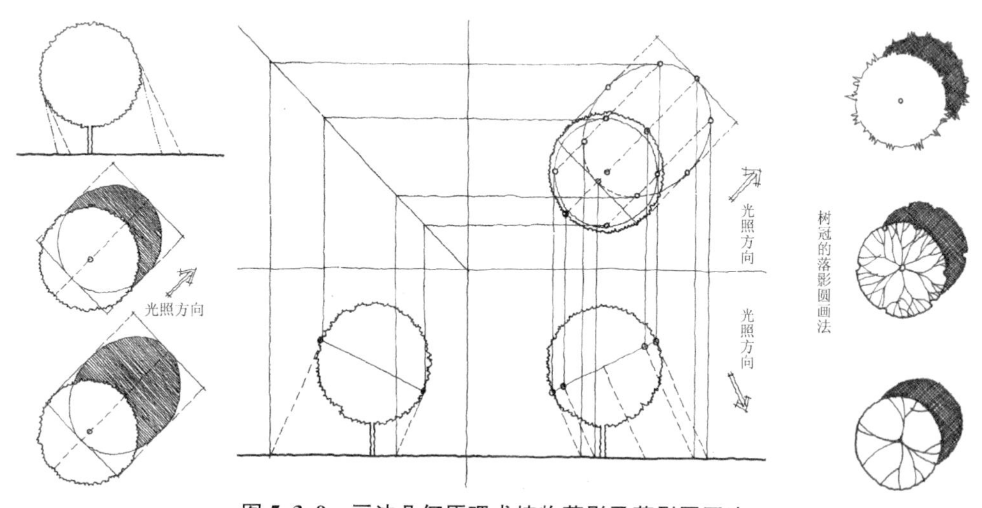

图 5.3.9　画法几何原理求植物落影及落影圆画法

图片来源：自绘，针管笔绘于复印纸

(1) 当树冠的落影覆盖了某些内容时，如果被覆盖的内容较为重要，则应去除落在该部分的阴影或提高其透明度；如果树下的地面、草地需要强调时，树冠落影应表现其质感。

(2) 当树冠的落影覆盖的内容有一定高度时，要注意落影因此产生的宽度变化。

4）树冠的避让

如果植物图例覆盖了树下的内容如等高线、道路、小品、下层植被等内容，应视此图例为透明，如实画出树下的内容，树冠以轮廓型或简化后的分支型、枝叶型和质感型图例表示，这种方法被称为“树冠的避让”(图 5.3.9～图 5.3.11)。

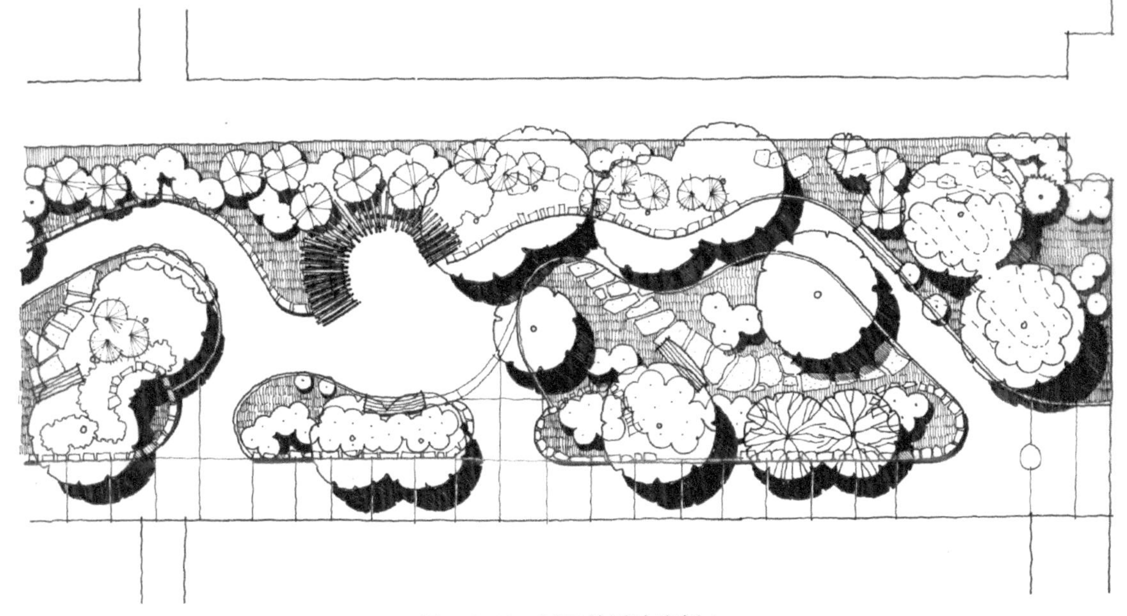

图 5.3.10 树冠的避让实例 1

图片来源：根据王晓俊. 风景园林设计[M]. 增订本. 南京：江苏科学技术出版社，2000. 改绘，针管笔绘于复印纸

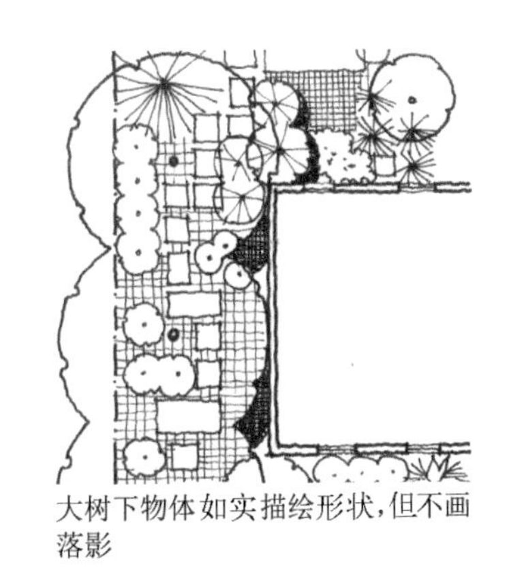

大树下物体如实描绘形状，但不画落影

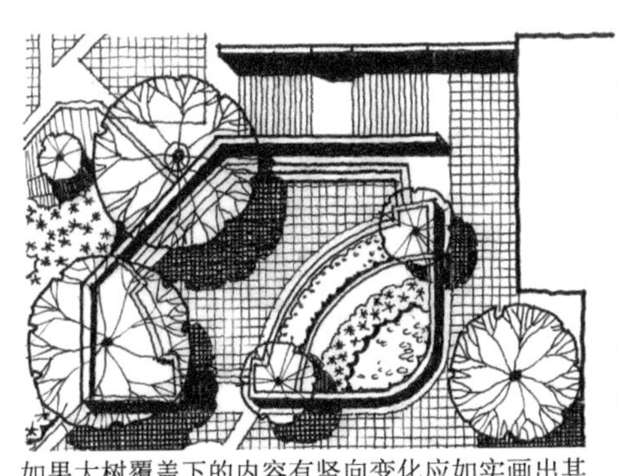

如果大树覆盖下的内容有竖向变化应如实画出其落影；树木落影覆盖下的铺装纹理应有一定程度的表现

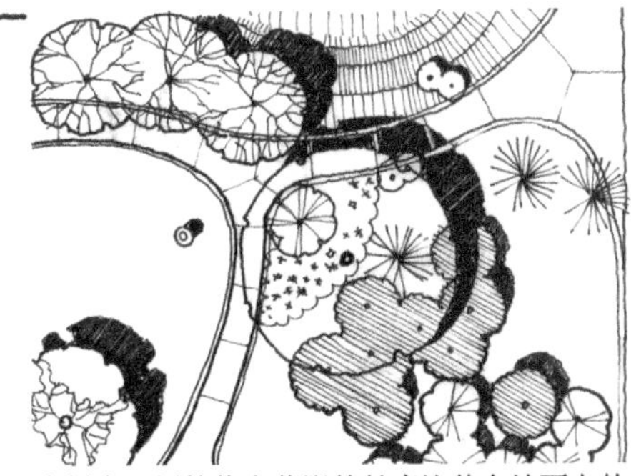

大树在下层植物上落影的长度比其在地面上的要短。树木落影覆盖下的物体如果较为重要，则树木的落影也应“避让”

图 5.3.11 树冠的避让实例 2

图片来源：自绘，针管笔绘于复印纸

(1) 如果上层树木图例与下层植被重叠，上层树木用轮廓型图例，下层植被图例可适当复杂些，使两者易于区分。

(2) 如果树下覆盖的内容不是重要信息，可略去树下内容的落影；反之则如实表现。

(3) 当平面图只强调树木群体的布局时，可以不考虑树冠的避让，以强调树冠平面为主。

5）树木的立面与透视表现

树木的立面表现和透视表现在技法上并无严格的区分。树木的立面和透视表现应尽量突出树木原有特征，采用写实的形式刻画树形轮廓和枝叶特征，减少图案化、装饰化的痕迹。画好树木的立面和透视应首先掌握树木的几种基本形态(表 5.3.2)。树木形态的特点除了与树种本身有关之外，还与年龄、生长环境以及是否被移植等因素有关，平时观察树木形态时应予以注意(图 5.3.12)。绘制园林表现图中的设计树木时应表现树木正常、健康的形态，不能为求图面效果而刻意画一些病树。

表 5.3.2　常绿乔木树形特征

一、风致型 代表树种： 老年油松、樟子松、马尾松		二、塔状圆锥型 代表树种： 雪松、金钱松		三、倒卵型 代表树种： 白皮松、深山含笑、紫楠	
四、扁圆球型 代表树种： 桧柏、杜松、广玉兰、榕树、香樟、鱼尾葵		五、圆球型 代表树种： 侧柏、罗汉松、木莲、枇杷		六、广圆锥型 代表树种： 云杉、柳杉、柏木	

表格来源：摹自中国建筑标准设计研究院. 环境景观——绿化种植设计(03J012-2)[S]. 北京：中国计划出版社，2008.

表 5.3.3　落叶乔木树形特征

一、长卵圆型 代表树种： 毛白杨、枫香		二、圆柱型 代表树种： 新疆杨、箭杆杨		三、倒卵型 代表树种： 枫杨、旱柳	
四、伞状扁球型 代表树种： 合欢、凤凰木、臭椿		五、圆球型 代表树种： 榔榆、珊瑚朴、元宝枫、国槐、栾树、杜仲、圆冠榆		六、广圆锥型 代表树种： 水杉、落羽杉	
七、卵圆型 代表树种： 白玉兰、小青杨、无患子、悬铃木		八、垂枝型 代表树种： 垂柳、白桦、绦柳		九、广卵圆型 代表树种： 老年银杏、白榆、鸡爪槭、七叶树	
十、长圆球型 代表树种： 鹅掌楸、刺槐、小叶白蜡		十一、半球型 代表树种： 馒头柳、楝树、梓树、龙爪槐、千头椿		十二、长圆球型(小乔木) 代表树种：西府海棠、紫叶李、山桃、丝绵木	

表格来源：摹自中国建筑标准设计研究院. 环境景观——绿化种植设计(03J012-2)[S]. 北京：中国计划出版社，2008.

幼树、中树和老树的树干形态比较　　幼树、中树的树冠紧凑，老树的树冠舒展　　移植的树木一般枝干不完整

图 5.3.12　影响树木形态的一些其他因素

图片来源:自绘,针管笔绘于复印纸

(1) 树木形态表现　树木的立面、透视表现形式也可以分为分支、轮廓、枝叶和质感等类型,每种画法都有其特点和用途。在练习初期,可以先学习画轮廓型和分支型的树木,达到一定程度时再练习枝叶型和质感型。

① 分支型　是只画枝干不画树冠、树叶的画法,用以表现冬季落叶乔木。绘制要点如下(图 5.3.13):

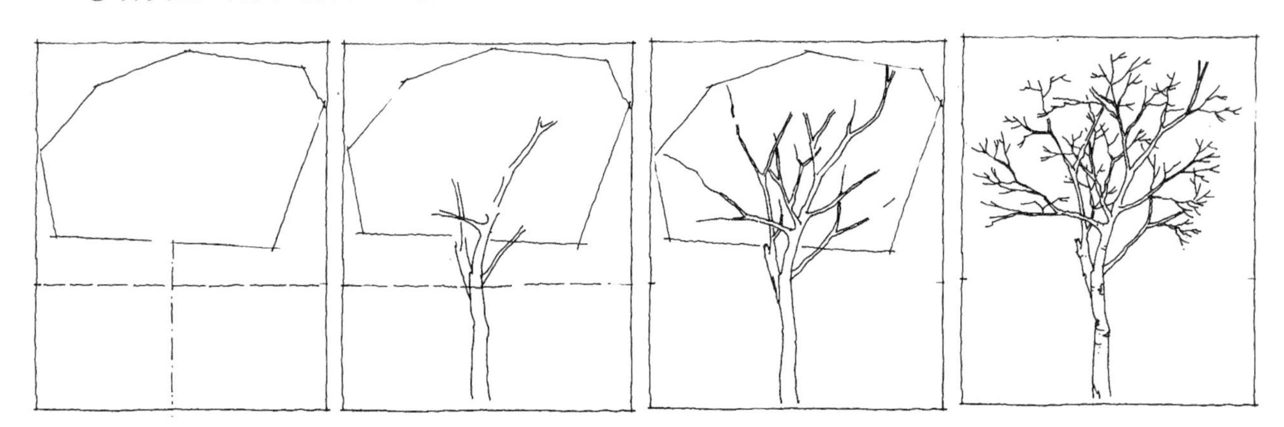

步骤1:确定主干、分支点位置,勾出树冠大体轮廓

步骤2:画出四面出枝的主要枝干,注意预留分支的位置

步骤3:确定主要分支之间的前后左右的穿插关系

步骤4:添上细枝,细枝也应具有相互穿插的关系,使树木栩栩如生

图 5.3.13　分枝型画法

图片来源:自绘,针管笔绘于复印纸

a. 要注意干和枝的习性,安排好粗枝的走势和小枝的疏密(图 5.3.14)。

图 5.3.14　不同植物的形态比较(依次为榉树、杨树、柳树、鸡爪槭)

图片来源:自绘,针管笔绘于复印纸

b. 要遵循“树分 4 枝”的原则，即要把分枝的前后、左右关系画出来，以表现树木的立体感。4 枝不能平均对待，要有所变化。当然，只要熟练运用 4 面出枝的原理，“4 枝”并非只画 4 枝，两三枝、五六枝都是可以的。

c. 为了更好地突出树种的特点，可用线条刻画出树皮的纹理。透视图中树木的水平纹理要注意透视效果，枝干前伸和后伸的纹理弯曲方向也有显著的差别(图 5.3.15)。

图 5.3.15　不同树木的树皮纹理

图片来源：根据钟训正.建筑画环境表现与技法[M].北京：中国建筑工业出版社，1985.改绘，针管笔绘于复印纸

② 轮廓型　是只画树冠轮廓不画树叶的画法，在针管笔单线表现图中常以轮廓型表现树木的形态(图 5.3.16)。表现要点如下：

a. 依据树种的树形特征勾出大致轮廓，树冠部分应留出画枝干的空隙。

b. 依据树种的分支习性勾出主要枝干，技法参考“分支型”。

c. 在树冠空隙部分添上小枝。

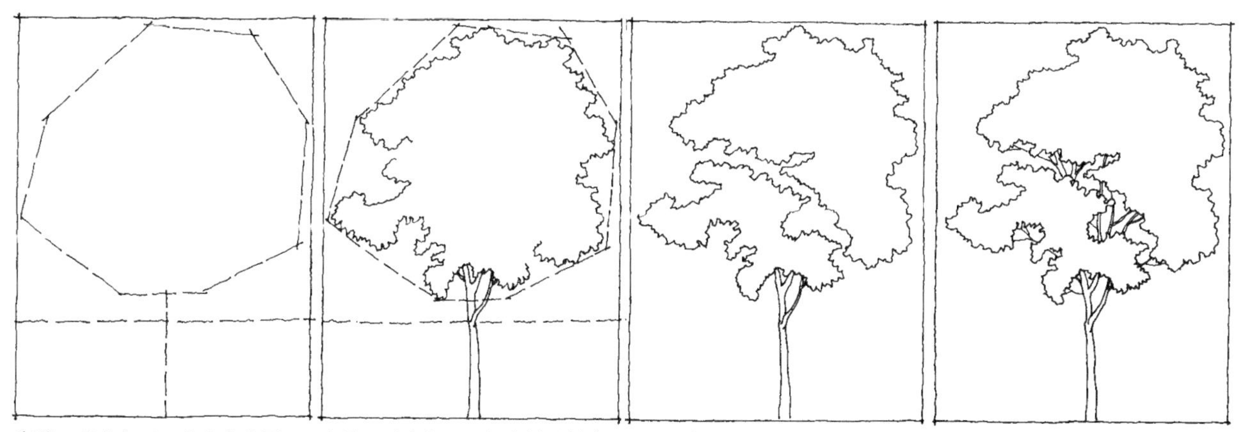

图 5.3.16　轮廓型画法

图片来源：自绘，针管笔绘于复印纸

③ 枝叶型　是完整地表现出树木枝叶的画法，具有较强的写实性，在强调植物造景的表现图中可采用这种画法。但枝叶型画法耗时长，需要绘图者有较高的图面组织技巧和耐心，熟识植物并能准确把握树木枝叶的特征。对于一般的绘图者而言，此法适合表现枝叶较为简单的树木，如针叶类或叶形较大的植物(图 5.3.17～图 5.3.20)。表现要点如下：

a. 依据树种的树形特征勾出大致轮廓，树冠部分应留出画枝干的空隙。

b. 依据树种的分支习性勾出主要枝干，技法参考“分支型”。

c. 在轮廓框定的范围内依据树木树叶的特征填充树叶，要注意叶形的组合及枝叶的穿插关系，这比轮廓型复杂得多。

d. 在树冠空隙部分添上细枝。

e. 画出连接树叶的细枝或叶柄。

图 5.3.17 枝叶型画法（栾树）

图片来源：自绘，针管笔绘于复印纸

图 5.3.18 树叶画法举例

图片来源：自绘，针管笔绘于复印纸

图 5.3.19 枝叶型画法举例 1

图片来源：钟训正. 建筑画环境表现与技法[M]. 北京：中国建筑工业出版社，1985.

图 5.3.20　枝叶型画法举例 2

图片来源：自绘，针管笔绘于复印纸

④ 质感型　是对枝叶型的简化，侧重于表现树冠整体的肌理效果，将表现树叶的线条简化为模拟叶丛质感的笔触，用短线排列、连续乱线或乱线组合的方法表现(图 5.3.21，图 5.3.22)。表现要点如下：

a. 短线排列、连续乱线或乱线组合所形成的笔触应具有一定的规律。

b. 笔触的大小应与树叶或叶丛大小相符。

c. 笔触之间缝隙不能过大、过多，树冠应形成一定的灰度。

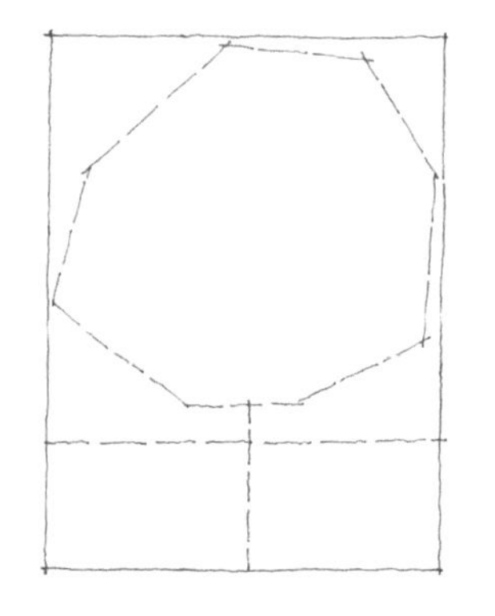

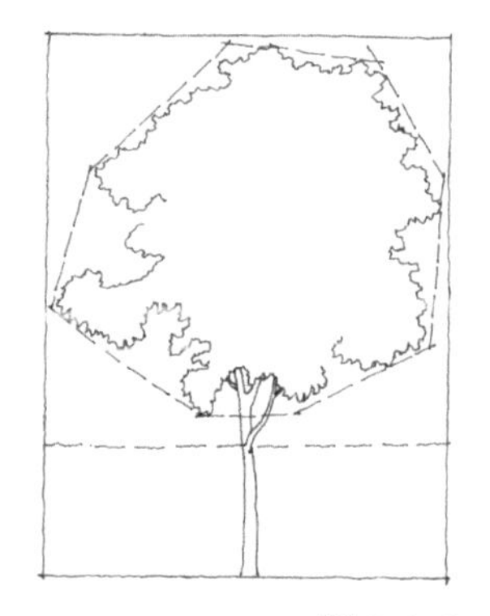

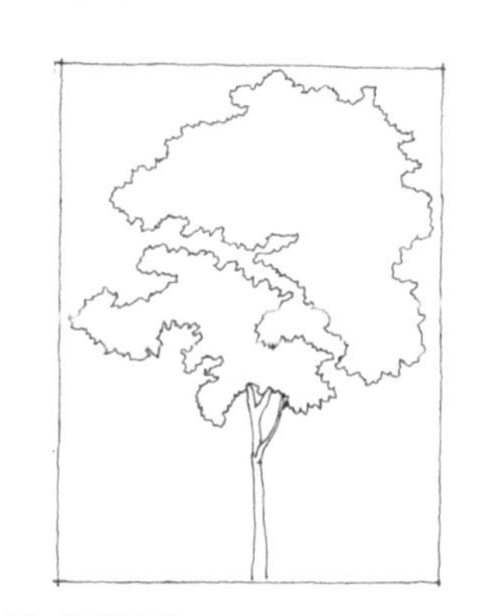

图 5.3.21　质感型画法

图片来源：自绘，针管笔绘于复印纸

图 5.3.22　树叶的质感画法举例

图片来源：自绘，针管笔绘于复印纸

(2) 光影明暗的表现　在阳光照射下，树木的明暗变化有一定的规律，迎光的一面看起来亮，背光的一面则很暗，里层的枝叶由于不受光，所以最暗(图 5.3.23)。在表现时遵循"亮面不画，暗面画"，即树木的亮面留白，只表现轮廓，暗面画出树叶或表示树叶质感的笔触；因此，对于枝叶型和质感型的画法而言，表现树木的光影明暗在很大程度上简化了这两种画法(图 5.3.24～图 5.3.26)。

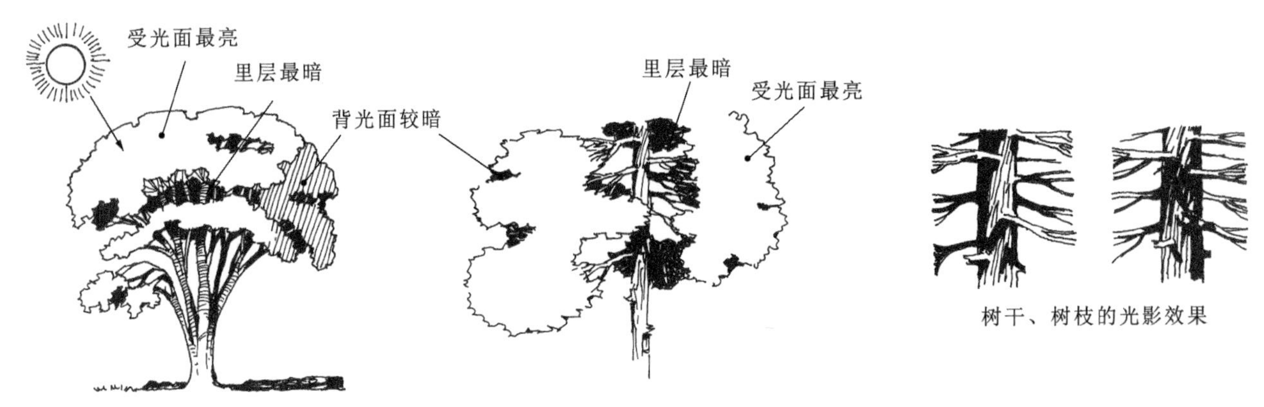

图 5.3.23　树木的光影表现原理

图片来源:摹自彭一刚.建筑绘画及表现图[M].2版.北京:中国建筑工业出版社,1999.针管笔绘于复印纸

图 5.3.24　树木的光影表现步骤(质感型)

图片来源:根据钟训正.建筑画环境表现与技法[M].北京:中国建筑工业出版社,1985.改绘,针管笔绘于复印纸

图 5.3.25　树木的光影表现举例 1(枝叶型,杜英)

图片来源:自绘,针管笔绘于复印纸

图 5.3.26　树木的光影表现举例 2(枝叶型,香樟、栾树)

图片来源:自绘,针管笔绘于复印纸

(3) 空间层次的表现　在园林立面图、剖面图中,前景、中景和背景的树木应注意有所区分,作为背景的树,一般处于建筑、场地等中景的背后,起到衬托中景的作用。绘制背景树时,应注意简化其形态,减少其细节,明度一般以灰为主。中景树有时作为建筑的衬托,有时成为场地中的主景,主景树的形态、明暗应较为丰富,与背景树拉开差距,表现空间层次。前景以白描的形式表现植物的枝叶或者以颜色较暗的剪影存在,具体方法参见"明度区分"。

用针管笔表现透视图中的树木,轮廓型、枝叶型和质感型 3 种技法可以混合使用:前景树可用不带明暗表现的轮廓型或枝叶型;中景树用枝叶型或质感型结合明暗表现;背景树以质感型或轮廓型为宜,如采用前者,笔触应小或简单些(图 5.3.27)。

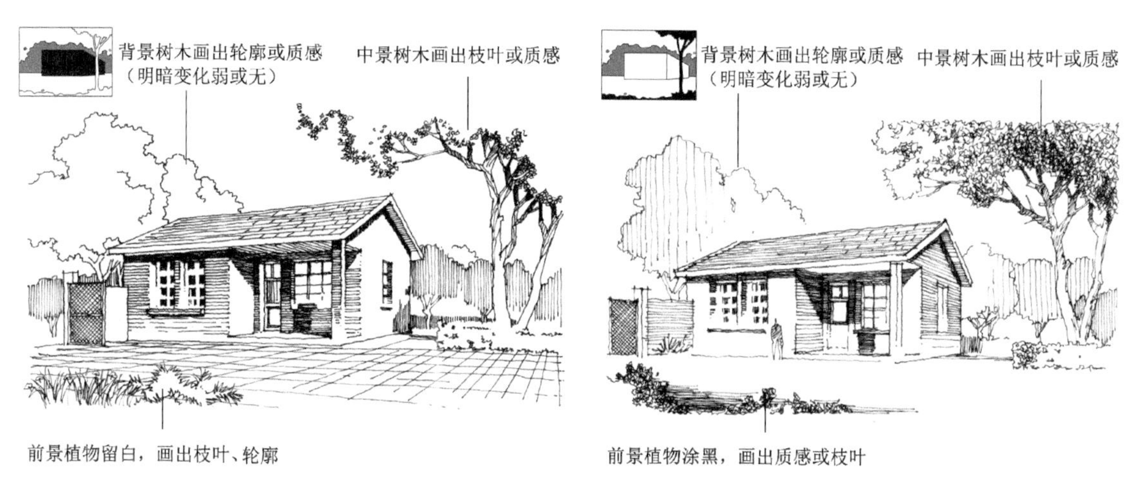

图 5.3.27　树木的空间层次表现

图片来源:自绘,针管笔绘于复印纸

有的透视图有意表现空气透视的影响,前景树用枝叶型,逐步过渡到中景的质感型,再逐步简化为远景的轮廓型。如表现冬季落叶树木的形态,分支型画法在前景、中景和背景中都可运用,背景树木概括一些,植物的枝干可简化为单线。

(4) 透视图中树木落影的表现　在透视图中,树影也是一个需要注意的细节。树木在阳光照射时会投射下影子，这种影子除了落在树干上之外，还可能落在地面上、建筑物墙面上。由于树冠总有一些缝隙，所以阳光会穿过这些缝隙在树干、地面或墙面上留下一个个椭圆的光斑，产生稀疏斑驳的效果(图 5.3.28)。

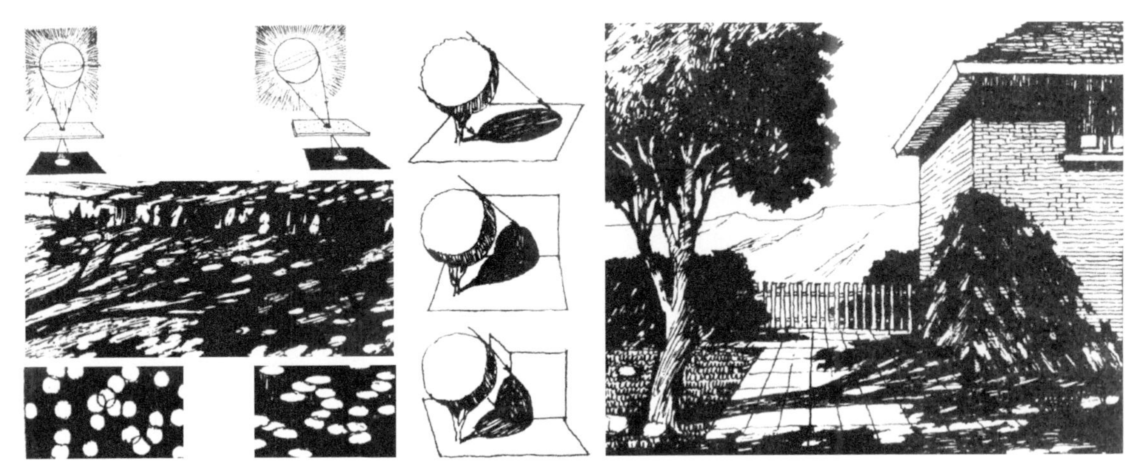

图 5.3.28　树影的表现

图片来源：彭一刚. 建筑绘画及表现图[M]. 2 版. 北京：中国建筑工业出版社，1999.

(5) 树木形态的简画法　上述关于树木形态表现的内容主要针对园林专业的在校学生或设计人员而编写。作为园林专业的学生，能准确、熟练画出常用的园林树木是专业学习的基本要求。但并不是所有情况都必须十分具象地画出树木的形态，有时可采用简画法。简画法和树木的空间层次表现中的远景树不同，前者是为了适应某些特定的需要，后者则仅仅是为表现透视感、空间感而作的细节模糊处理，在任何透视图中均适用。简画法的应用范围如下：

① 当表现对象的尺度较大，且表现图重在表现规划信息，而非具体的设计细节时，可采用简画法概括地表现场地的林相特征(图 5.3.29)。

② 当表现的园林风格比较自然，城市和人工的痕迹较弱，需要成片地表现植物景观，这时也可采用简画法。

图 5.3.29　大尺度自然景观的表现可采用植物的简画法

图片来源：自绘，针管笔绘于复印纸

③ 当表现对象主要为建筑或城市环境时，植物一般为配景(风景建筑除外)，采用简画法有利于突出建筑或城市空间的主体性(图 5.3.30)。

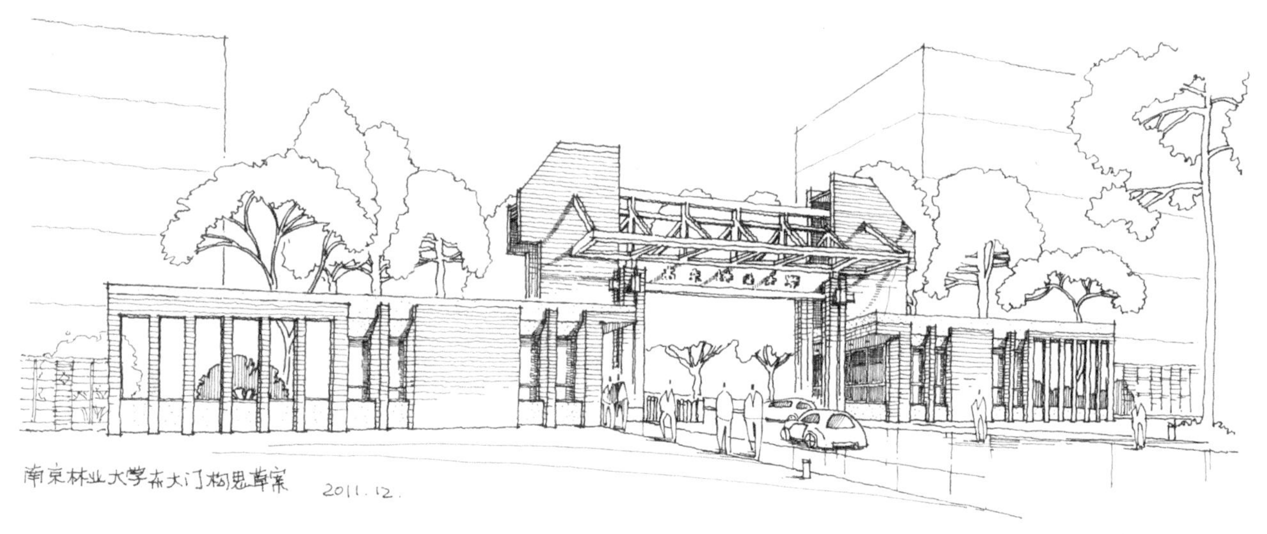

图 5.3.30　植物作为建筑的配景时采用简画法

图片来源：南京林业大学东大门设计修改方案(自绘)，针管笔绘于复印纸

另外，对于其他相关专业如城市规划、建筑、环境艺术的学生而言，如果缺乏足够的植物知识，可采用树木的简画法，对于一般的城市环境、建筑环境表现也能满足要求了。

简画法主要有 3 种类型：

① 简化种类　将分支型、轮廓型、枝叶型和质感型的树木画法作程式化处理，不强调植物种类区分，而按树木的景观功能分类进行归纳，比如作为中景观赏林的色叶树、常绿树，调节林冠线的背景树，起遮挡作用的遮阴树等等(图 5.3.31)。

图 5.3.31　弱化树木的树木学分类特征，采用程式化的画法

图片来源：自绘，针管笔绘于复印纸

② 简化树叶和树枝　基本保留树木枝干的形态，略加树叶或简化枝叶，再用色彩渲染树冠(图 5.3.32)。

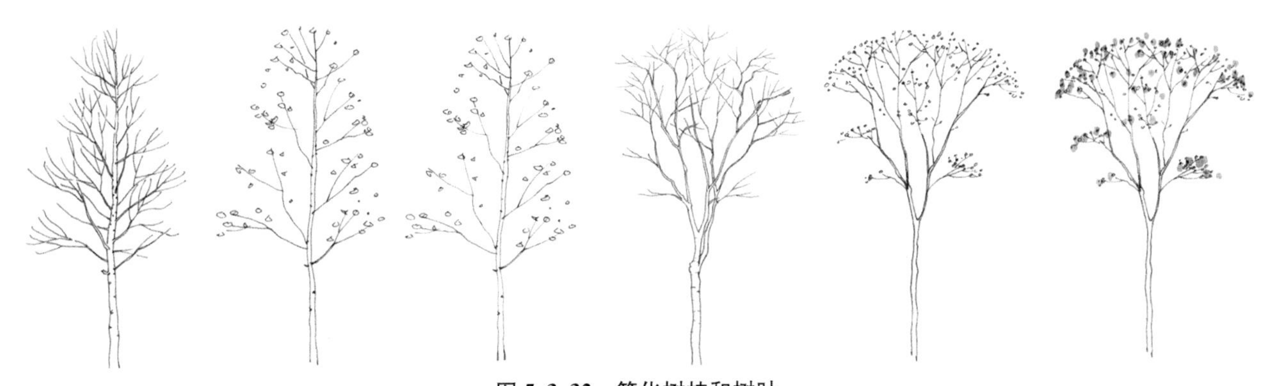

图 5.3.32 简化树枝和树叶

图片来源:自绘,针管笔、马克笔绘于复印纸

③ 简化树冠 在写实型的表现图中,利用光影效果简化树冠,结合表现图中的光影,可大幅度省略树冠亮面的树叶,只在暗部和树冠轮廓处添加树叶,如能准确画出树叶的特点,将使树木具有较高的辨认度(图 5.3.24)。

5.3.2 灌木和地被

灌木的平面表示方式与树木相似,通常修剪的整形灌木丛可以用轮廓型、分支型或枝叶型表示,自然式种植灌木丛平面宜用轮廓型表示。单独种植的灌木用轮廓型、分支型或枝叶型表示,中间采用一个黑点或多个黑点表示种植位置。为了与树群区分,灌木丛轮廓的凸起或凹陷呈不规则形,大小应小于树群。灌木的立面与透视的表示方法同树木相似,不再赘述,实例详见图 5.3.33,图 5.3.34。

图 5.3.33 灌木和地被的透视画法举例

图片来源:自绘,针管笔绘于复印纸

5.3.3 草坪和草地

草坪和草地的平面表示一般采用打点法,点的大小应基本一致,在靠近草坪和草地边缘的地方,点可适当密一些,以突出场地、道路的边界。在透视图中,采用线段排列法、乱线法或"m"型线条排列法等方法

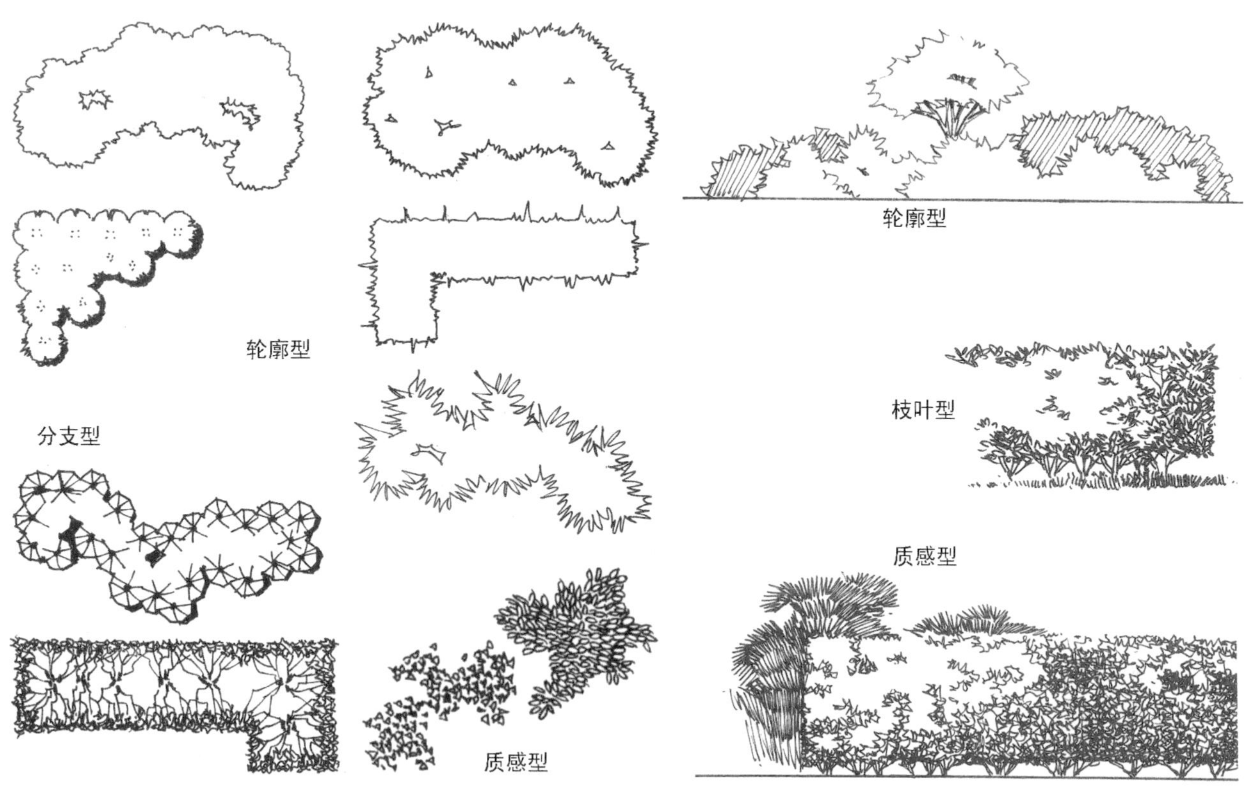

图 5.3.34 灌木和地被的平立面画法举例

图片来源：自绘，针管笔绘于复印纸

表示，实例详见图 5.3.35。无论采用哪种方式，排列的密度应遵循“明度区分”的原理，笔触的大小遵循“近大远小”的透视规则。

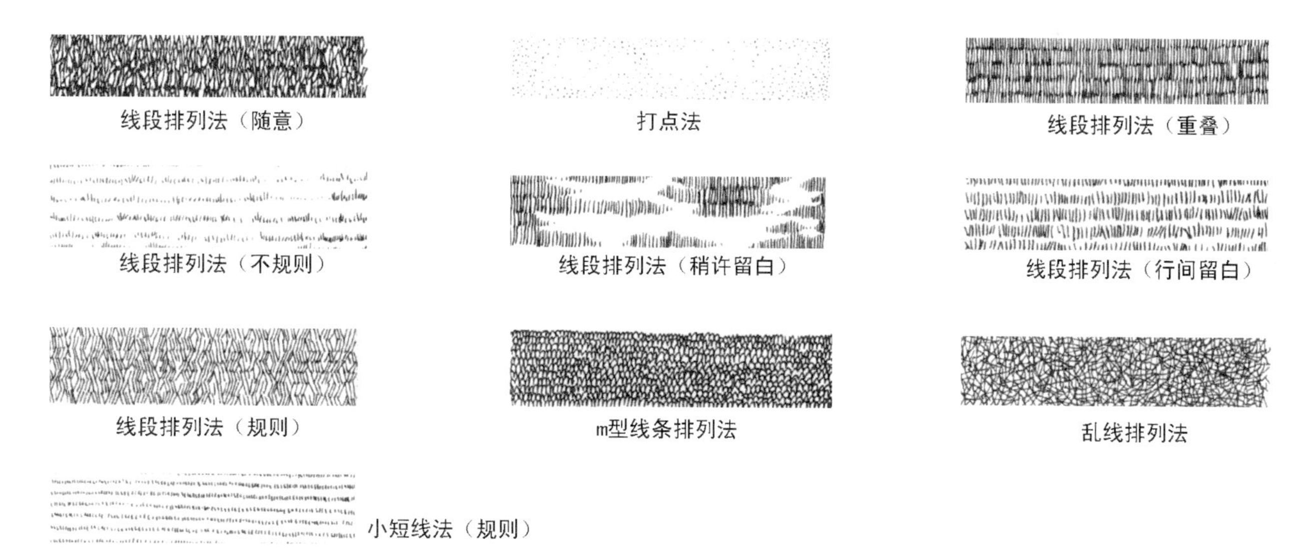

图 5.3.35 草坪与草地的表示方法

图片来源：王晓俊. 风景园林设计[M]. 增订本. 南京：江苏科学技术出版社，2000.

5.3.4 不同工具画植物透视图的技法

植物是园林表现图中所占比例最大的元素，本小节结合第 4 章的各类技法专门列出用不同工具表现植物的技法。

1）用铅笔画植物的技法

用铅笔画植物时，主要通过线条和笔触的变化来表现植物的光影变化。画树干时，顺着树皮的纹理用笔，表现其质感效果，有的树枝要靠留白来表现；画树皮应依照树枝的长势用笔；画树叶时，针对不同的树种组织笔触，要充分发挥铅笔笔触可粗可细、可浓可淡的特点，不要用细线去勾勒树叶的轮廓，那样就丧失了铅笔的韵味（图 5.3.36）。完整的铅笔表现图详见第 4 章 4.2.2.4　铅笔单色渲染技法。

图 5.3.36　植物铅笔画法

图片来源：自绘于草图纸

2）用针管笔画植物的技法

本章 5.3.3 节的内容主要是以针管笔为工具绘制的，即等同于针管笔画植物的技法，不再赘述。

3）用彩色铅笔画植物的技法

彩色铅笔渲染图有 3 种风格：写实型、程式化型和钢笔淡彩型，画植物时也一样。采用写实型风格时，其技法与普通绘图铅笔一致。采用程式化风格时，先画出植物的轮廓，然后分出亮面和暗面，再用相应的笔触填色（图 5.3.37，图 5.3.38）。采用钢笔淡彩型风格时，在墨线图的基础上涂色（图 5.3.39）。

图 5.3.37 植物彩色铅笔的程式化画法 1

图片来源：自绘于复印纸

图 5.3.38　植物彩色铅笔的程式化画法 2

图片来源：自绘于复印纸

图 5.3.39　植物彩色铅笔的钢笔淡彩画法

图片来源：自绘于复印纸

4）用马克笔画植物的技法

与马克笔渲染图的风格对应，马克笔的植物画法大致有 4 种风格：写实型、写意型、程式化型和钢笔淡彩型。

马克笔的写实型植物画法分为两种：并置法和融合法。并置法是指以方形、圆形或者其他类似树叶的笔触并置在一起模拟成片树叶形成的肌理效果的方法。融合法是指不表现树叶的肌理效果，而只强调树冠整体效果的方法，对于油性或酒精性马克笔而言，可以用其宽笔头大片涂色画出融合的效果；对于水性马克笔，则可以用湿画法画出更接近于水彩画的融合效果。具体操作时，先用铅笔轻轻画出植物的轮廓，然后分出亮面和暗面，再用相应的笔触填色。填色时，从浅色画起，先画受光面的固有色，再画背光面，最后画树冠中完全照不到光的部分（图 5.3.40）。

用融合法画树冠

图 5.3.40　植物马克笔写实画法

图片来源：左图自绘于复印纸；右图来自陈伟. 马克笔的景观世界[M]. 南京：东南大学出版社，2005.

写意型植物画法是一种只求神似效果的画法(图 5.3.41),比如在以绘图铅笔画好的树枝上略加树叶或寥寥几笔表示树冠等,这种画法要求笔头要宽,色彩要透明,最好还能有一些渗泅现象,通常以油性或酒精性马克笔为工具,水性马克笔笔触感太强,难以画出这种效果。另外,还可以采用近似水粉的画法。

图 5.3.41　植物马克笔写意画法

图片来源:左图自绘于复印纸;右图来自陈伟.马克笔的景观世界[M].南京:东南大学出版社,2005.

程式化型植物画法是植物形态和填色笔触具有固定模式的画法,作画时多采用半透明纸如硫酸纸或草图纸,这种画法可以使多人同时作图却保证图面具有统一风格,是设计事务所常用的技法(图 5.3.42,图 5.3.43)。

图 5.3.42　植物马克笔程式化画法

图片来源:自绘于草图纸

图 5.3.43　植物马克笔程式化画法实例

图片来源:自绘于草图纸

钢笔淡彩型植物画法是以墨线画出植物绝大部分细节再以马克笔填色的方法(图 5.3.44)。对于有些绘图者而言,马克笔的笔触和色彩使用方法掌握不好时,可以采用这种方法。当然,只要墨线画出的光影效果好,也可以获得很真实的效果。

图 5.3.44 植物马克笔钢笔淡彩画法

图片来源:自绘于草图纸

5.4 园林建筑

5.4.1 平面表现

1) 抽象轮廓法

绘出建筑平面的基本轮廓,并平涂某种颜色,反映建筑的布局即相互关系,一般适用于在小比例的总体规划图中,图纸比例小于 1∶1 000(图 5.4.1)。

2) 屋顶平面法

以粗实线画出屋顶外轮廓线,以细实线画出屋面,清楚地表达出建筑屋顶的形式、坡向等形制,一般适用于总平面图,图纸比例不小于 1∶1 000(图 5.4.1)。

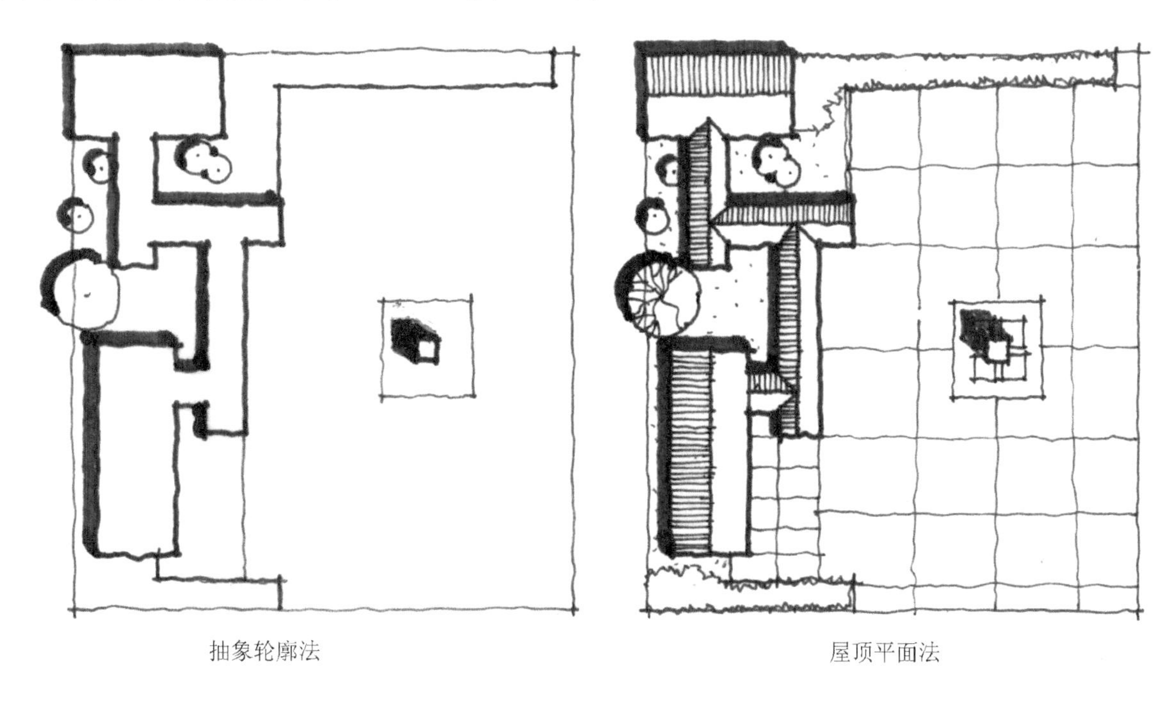

抽象轮廓法　　　　屋顶平面法

图 5.4.1 抽象轮廓法与屋顶平面法

图片来源:自绘,针管笔绘于复印纸

3）剖平面法

画出建筑物的平面图，即沿建筑物窗台以上部位（没有门窗的建筑过支撑部位）经水平剖切后所得的剖面图，图纸比例不小于1：500（图5.4.2）。

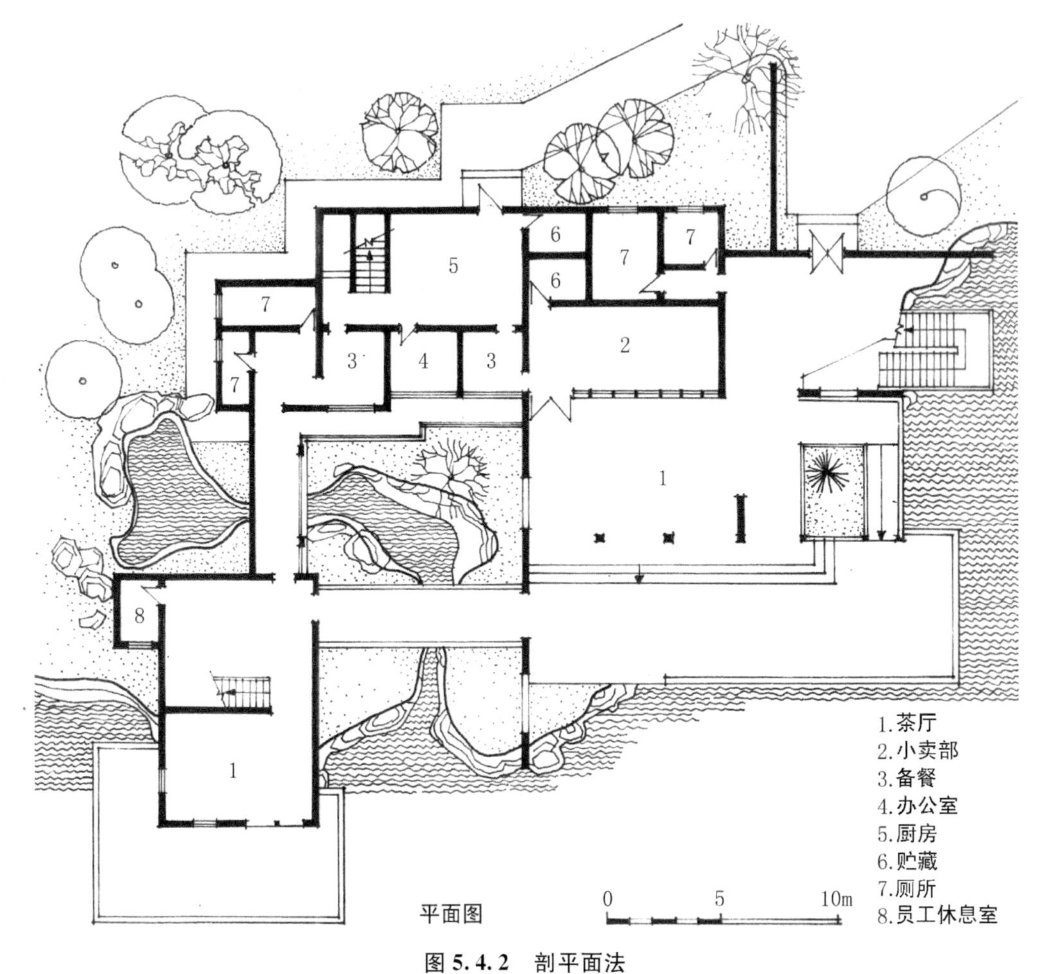

图5.4.2　剖平面法

图片来源：根据卢仁、金承藻.园林建筑设计[M].北京：中国林业出版社，1991.改绘，针管笔绘于复印纸

5.4.2　立面表现

园林建筑立面图主要反映建筑的外形和主要部位的竖向变化（图5.4.3）。

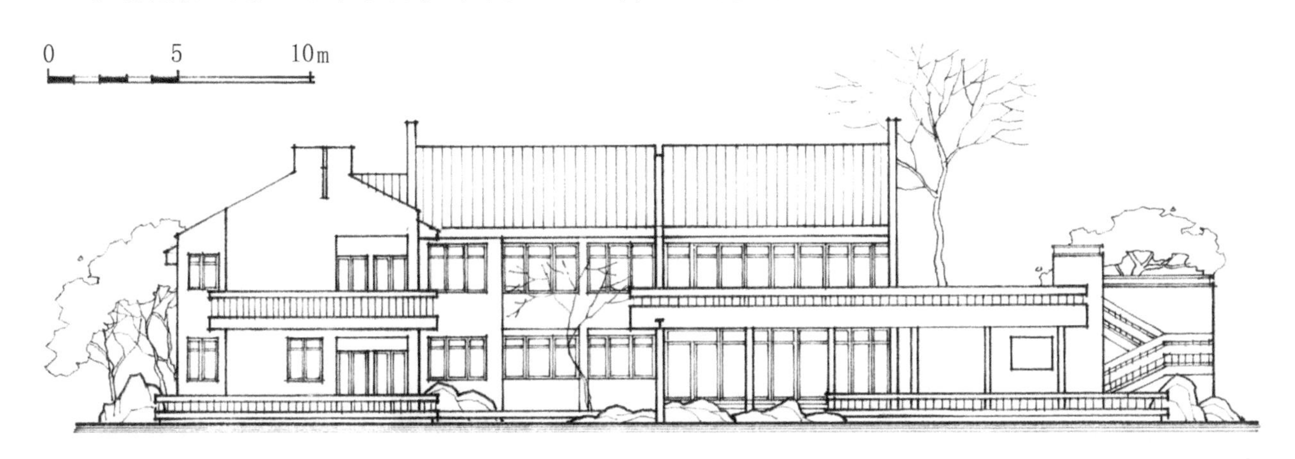

图5.4.3　园林建筑立面

图片来源：自绘，针管笔绘于复印纸

(1) 立面图的外轮廓用粗实线，主要部位轮廓线如勒脚、窗台、门窗洞、檐口、雨篷、柱、台阶、花池等用中实线，次要部位轮廓线如门窗分割线、栏杆、墙面分割线、墙面材质等用细实线。地坪线用粗实线(比外轮廓线再粗一个级别)。

(2) 如若需要，立面表现图中可标注主要部位的标高，如出入地面、室外地坪、檐口、屋顶等处。

(3) 建筑的立面配景应与平面图保持一致，绘制出建筑所处的环境特征。植物、山石等配景应注意与建筑的尺度、比例关系，不可为丰富画面而随意添加。植被用细实线画。

园林建筑的剖面图结合周围地形、环境一起表现。

5.4.3 透视表现

园林建筑的透视表现与城市中的公共建筑的透视表现不同，后者主要表现建筑本身，植物、人物等配景根据建筑表现的需要取舍、搭配，而前者则侧重于如实地表现建筑与环境的关系。

1) 表现内容

(1) 建筑与环境的关系的表现　首先，应表现出园林建筑所处的环境特征，如水边、山地或平地等。第二，交代园林建筑的背景，如树林、山体或城市建筑等。第三，表现园林建筑与道路、场地、地形、植被之间在空间形态、交通流线、色彩搭配等方面的关系，尤其应强调植被与建筑在形体搭配和比例尺度方面的关系。第四，利用人物、景观设施等配景表现出园林建筑的功能。

(2) 建筑自身的表现　即最重要的是表现出园林建筑的特点。总的来说，园林建筑一般“宜短不宜长，宜散不宜聚，宜低不宜高”，其形体常常给观赏者轻巧、通透的感觉，因此不能像一般的建筑表现那样表现园林建筑体量感(纪念性园林中的建筑除外)。结合园林建筑的形体转折、院落布局，以光影表现出园林建筑自身的空间层次。

2) 表现步骤

以针管笔为例，表现步骤可分为以下几步：

(1) 在 A3 或 A4 纸短边的 2/3 处画一条水平线作为视平线，在此基础上用 2H 铅笔绘出透视图底稿。初学者易犯将视平线画得太高的弊病，所绘透视图往往都以鸟瞰图的形式出现。

(2) 用型号为 0.2~0.3 的针管笔勾勒线稿，如需强调建筑的立体感，可用 0.5 的针管笔加粗建筑物的外轮廓。待墨迹干后轻轻擦除铅笔底稿(图 5.4.4)。表现建筑形体转折的线条采用端部加重线，两线相交时出头。

图 5.4.4　建筑主体线稿

图片来源：自绘于复印纸

(3) 选取明度分级模式。在这个实例中既可选取立体空间模型，即前景白、中景黑、背景灰，由于这个茶室建筑形体转折多变，空间层次丰富，体量轻盈，也可采用容积空间模型，即前景黑、中景白、背景灰，作者用了后者。

(4) 在明度分级模式的指导下，用针管笔进行单色渲染。

① 先对建筑进行明暗分面，画出主要的明暗块面和阴影(图 5.4.5)；

② 对明暗关系进行深入刻画，主要依据为第四章基本技法中“通用技法”，用退晕的方法表现光影的变化(图 5.4.6)。

图 5.4.5　分出大体明暗

图片来源：自绘于复印纸

图 5.4.6　深入刻画阴影

图片来源：自绘于复印纸

③ 增加周围环境景物，说明建筑所在背景环境的特征(图 5.4.7)；

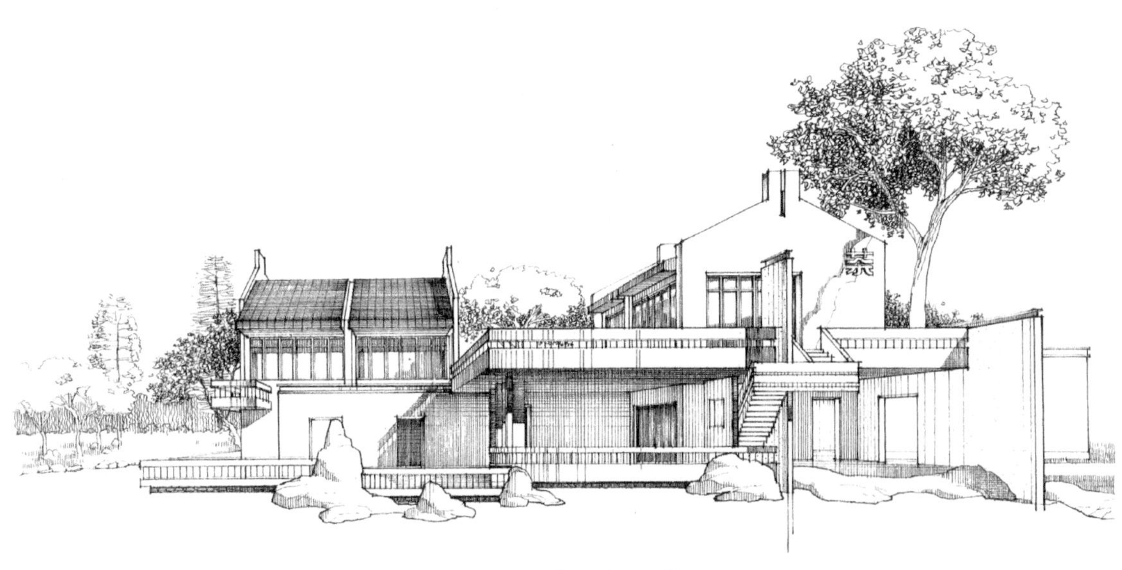

图 5.4.7　增加植物环境

图片来源：自绘于复印纸

④ 表现水面，倒影的画法参见本章第二节水体，为衬托中景的白，水面的明度为近深远浅(图 5.4.8)。图 5.4.9～图 5.4.11 展现了用彩色铅笔、铅笔和马克笔绘制园林建筑表现图的不同效果。

图 5.4.8　完成水体刻画并作整体调整

图片来源：自绘于复印纸

图 5.4.9　园林建筑彩色铅笔画法

图片来源：自绘于复印纸

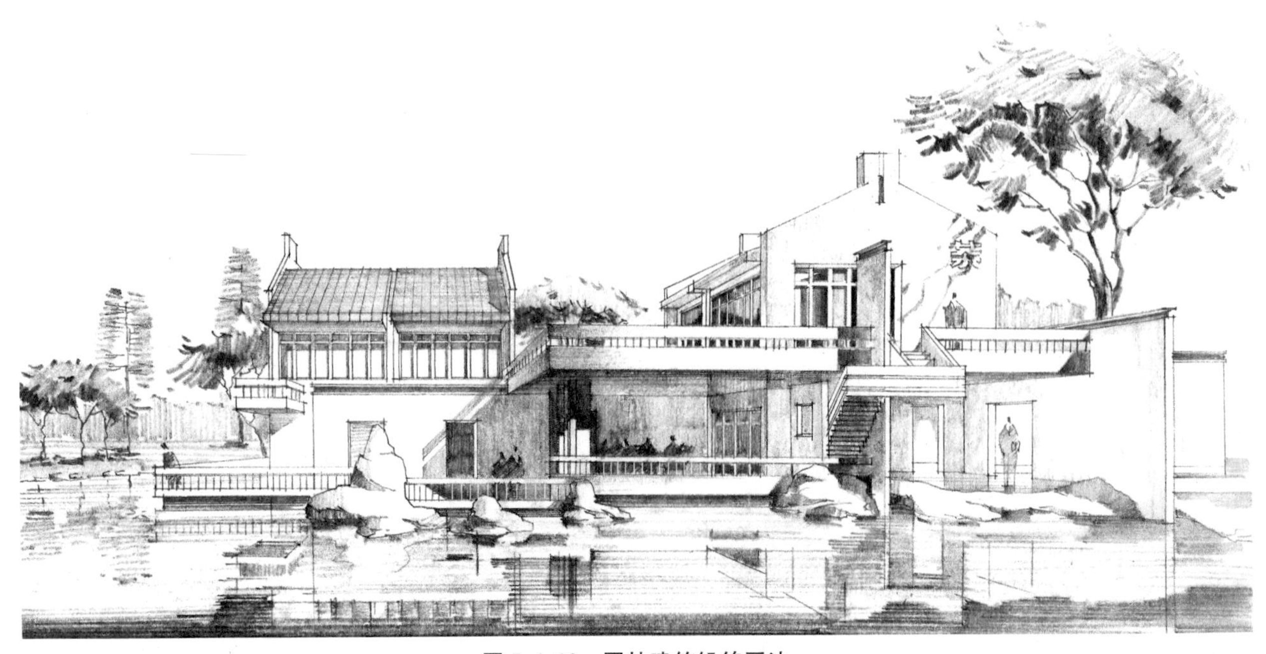

图 5.4.10　园林建筑铅笔画法

图片来源:自绘于草图纸

图 5.4.11　园林建筑马克笔画法

图片来源:自绘于复印纸

6　综合技法

本章以作者的一个实际项目讲解园林表现图在园林规划设计实践中的综合技法运用，重点阐述规划设计信息如何通过表现图准确地展现出来，表现工具以马克笔为主。

6.1　项目简介

项目名称为“淮安市工业园区核心区景观带规划”，规划的对象是位于淮安市工业园区核心位置的一片总面积达 123 hm^2 的绿地，原址为农田，古盐河穿越其间。

从规划深度来看，这是一个将总体规划与详细规划合为一体的项目，最终成果以 A3 文本呈现。园林行业尚没有出台文件规定规划文本的编制格式、内容等具体要求，“淮安市工业园区核心区景观带规划”文本基本上与现行的行业习惯一致(图 6.1.1，图 6.1.2)。文本内容包含：

(1) 项目背景　包括项目的区位、城市的概况及工业园区的概况。

(2) 场地分析　包括用地现状及范围、景观资源分析、周边城市用地分析、植被现状分析、水体及驳岸现状分析、生态系统分析和评价结论等。

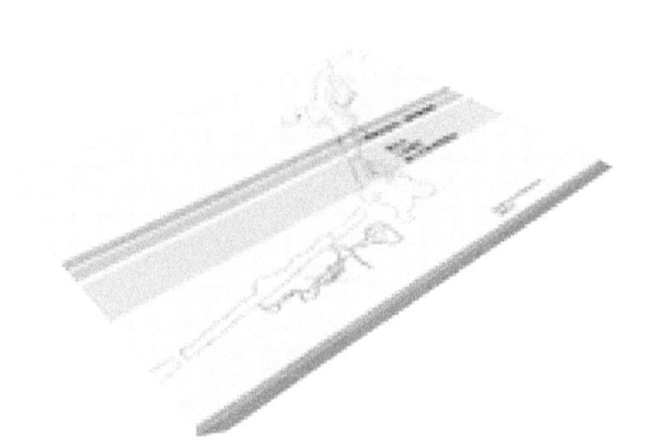

图 6.1.1　规划文本

图片来源：自绘，Sketchup 绘制

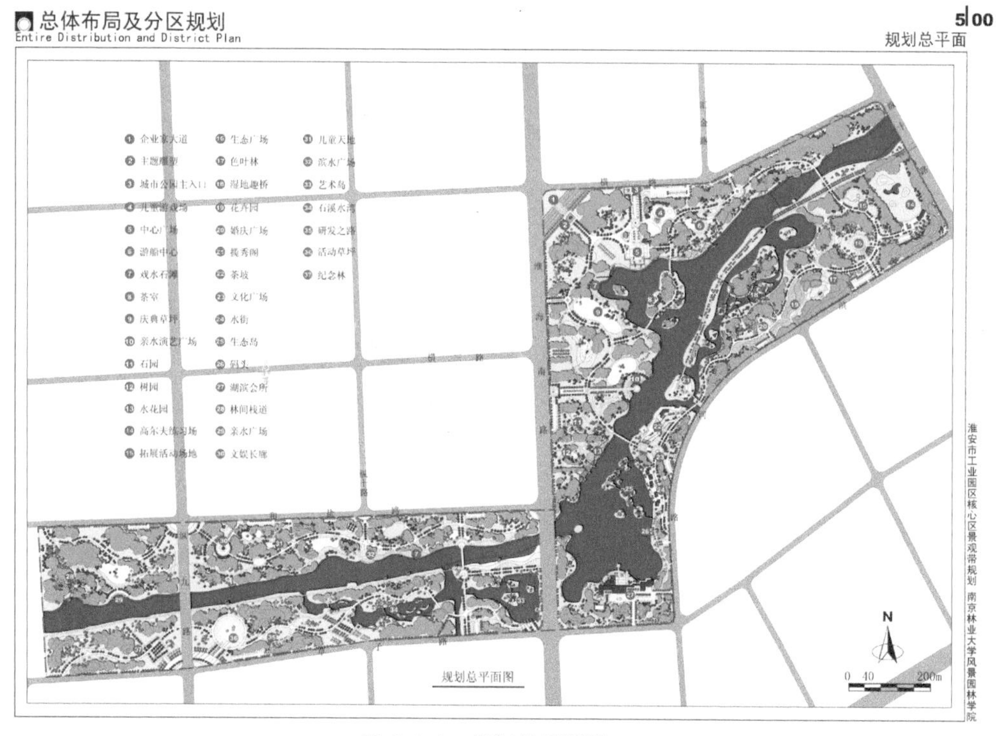

图 6.1.2　规划总平面图

图片来源：南京林业大学风景园林学院. 淮安市工业园区核心区景观带规划文本[R]. 南京：2009

(3) 专项研究　包括水系改造、场地生态敏感度分析、同类项目经验借鉴、活动项目策划、景观特色塑造。

(4) 定位与策略　包括项目定位、规划理念和规划策略。

(5) 总体布局与分区规划　包括规划总平面(含标注)、布局结构与视线分析、分区图及各区的详细规划平面图、透视效果图及文字说明等(图 6.1.3)。

(6) 专项规划　包括交通组织、水系及竖向规划、桥与坝体规划、绿化规划、照明与背景音乐系统、服务设施、标识系统、科技环保专题、周边建筑控制意向、给排水和电器规划等。

(7) 经济技术指标及投资估算　对规划范围内道路广场、管理及服务建筑、绿地和水体的面积给出指标,并估算水体改造、景观营造及配套基础设施的工程造价。

在这 7 项内容中,"总体布局与分区规划"需要有大量的表现图来展示规划信息,使方案具有说服力。总体布局的内容主要为总平面图、分区图及与总平面有关的各类分析图,如视线分析图、景观结构分析图等等。本章以图 6.1.3 中紫红色线范围内的区域为例,重点讲解详细规划中图纸的表现。

图 6.1.3　分区图

图片来源:南京林业大学风景园林学院. 淮安市工业园区核心区景观带规划文本[R]. 南京:2009

6.2　详细规划表现图的绘制

园林详细规划图纸编制的思路一般如下:先在总体规划平面图中依据某种原则(比如功能或主题)划分出不同区域,分别列出这些区域的平面图,标注每个重要景点;并画出能反映该区域各种特征的透视表现图,数量不限,以能够说明问题为准;对于需要进一步说明工程构造、竖向变化的部分可绘制剖、立面图。如果分区平面图的比例很小(图纸表达深度小于 1∶500),则需要将每个分区中重要的节点(如广场、园林建筑、景点等)单独列出其平面图,使图纸表达深度达到 1∶500;并画出能反映该节点各种特征的透视表现图,及说明工程构造、竖向变化的剖面图和立面图。

图 6.1.3 中紫红色线范围的区域被规划为"城市公园",位于规划区的西北部,盐河居于其东南部,占地面积约为 29.4 hm^2,现状主要为农田、村落及斑块状、带状杨树林。根据淮安工业园区总体规划,该城市公园的西北部为密集的商业金融及商办混合用地,西部为行政办公用地、大型市民广场及部分住宅用地。"城市公园"定位为综合性公园,为工业园区市民提供群众性文化教育、娱乐和休憩的开放空间。城市公园面积大,要依据功能或主题进行必要的分区,以便组织景观及各类休闲、娱乐和健身活动。分区包括:工业文化展示区、儿童活动区、中心水景区、生态休闲区、滨水娱乐区和滨水运动区(图 6.2.1)。以工业文化展示区、中心水景区(图 6.2.2)为例,具体说明园林详细规划图纸的表现。

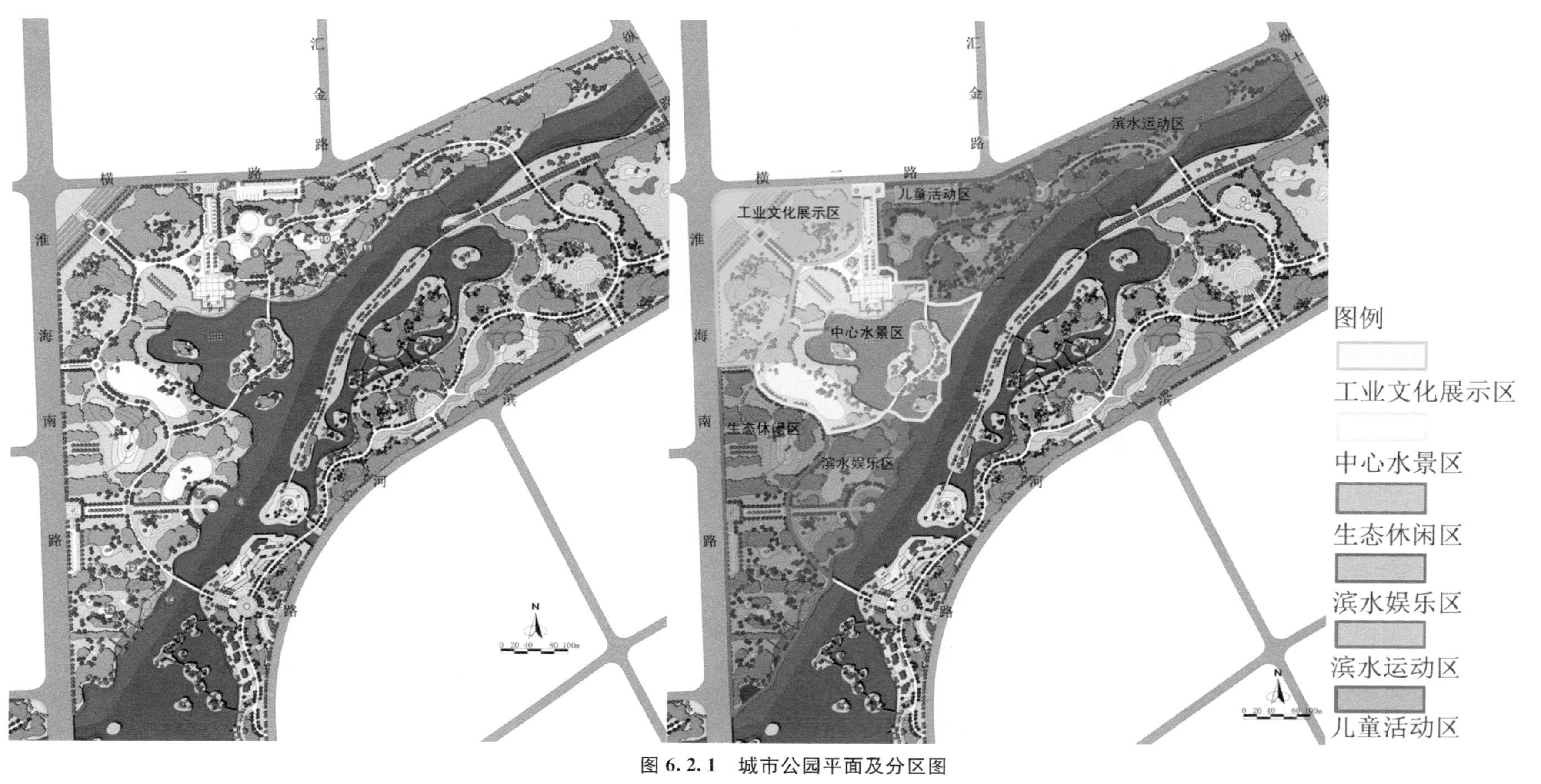

图 6.2.1　城市公园平面及分区图

图片来源：淮安市工业园区核心区景观带规划文本

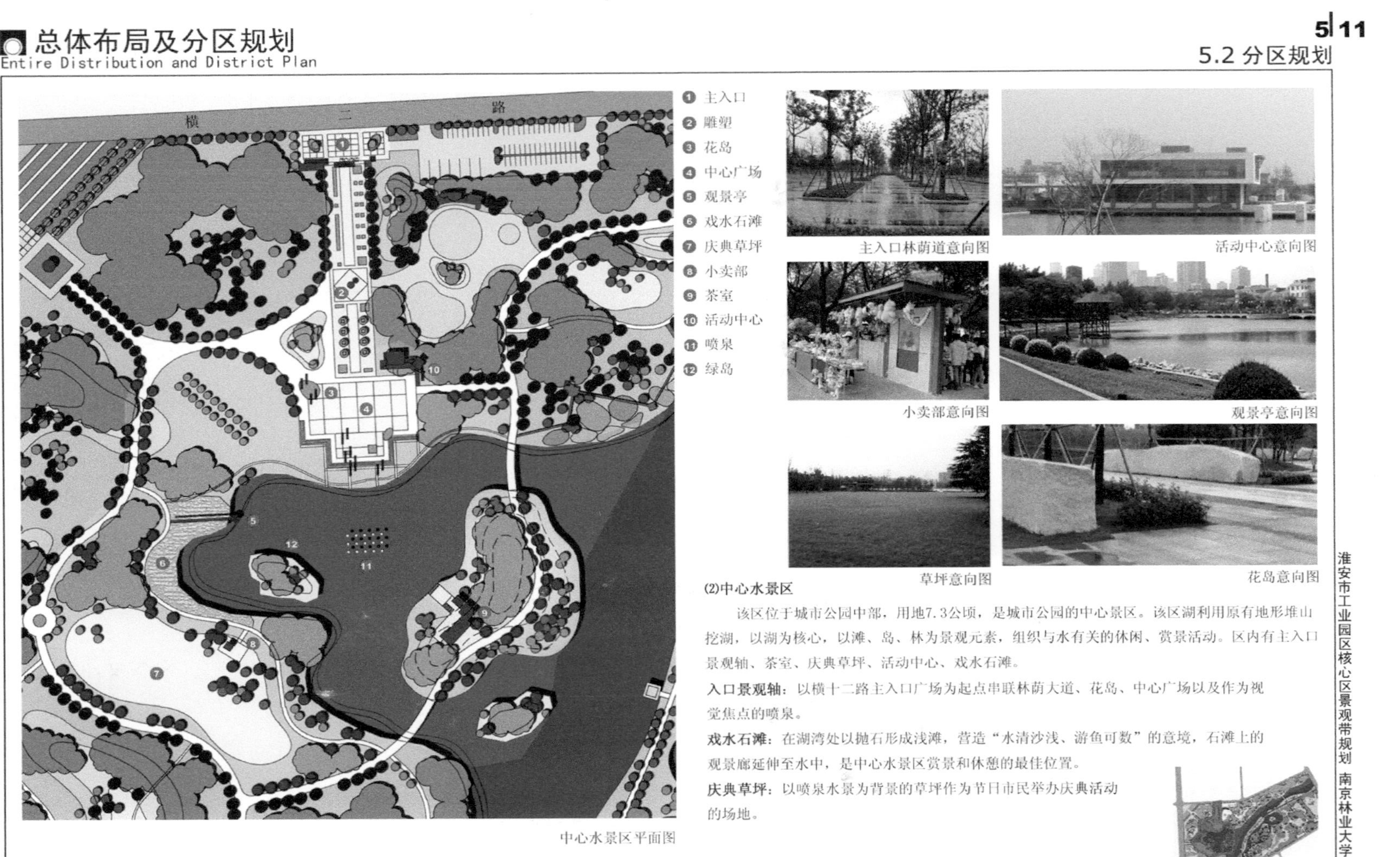

图 6.2.2　中心水景区平面

图片来源：淮安市工业园区核心区景观带规划文本

6.2.1　节点 1：中心广场

图 6.2.2 为中心水景区平面图，由于场地尺度大，平面图比例较小，图纸表达深度不够，因此将几个重要的节点再予以放大，使其达到详细规划 1∶500 的图纸表达深度。图 6.2.2 与图 6.2.3 相比多了更多细节，表现中心广场及一定范围内的环境。表现工具以马克笔为主，彩色铅笔为辅。

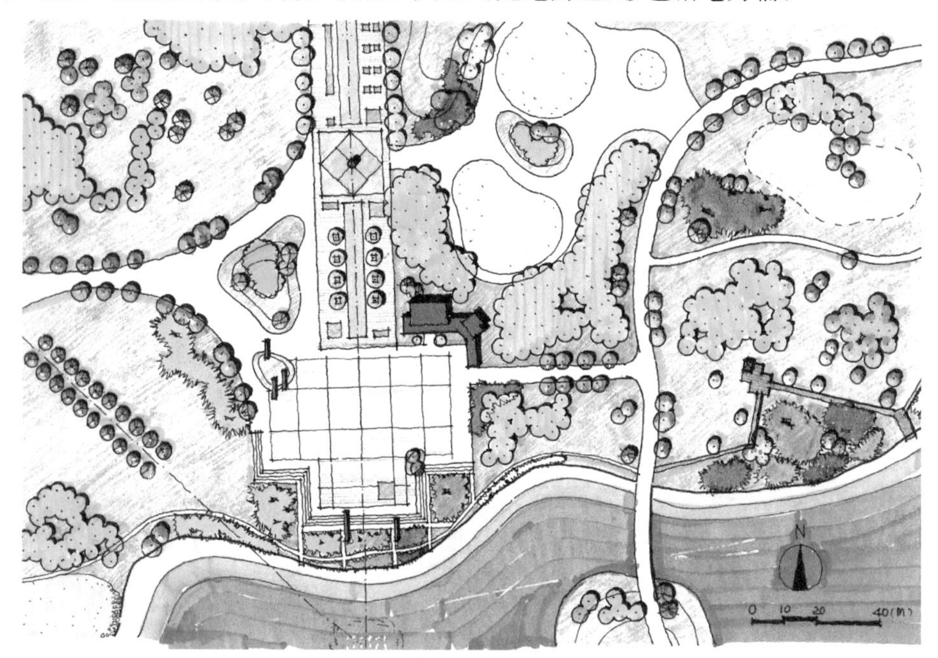

图 6.2.3　中心广场平面图

图片来源：自绘，马克笔、彩色铅笔绘于草图纸

选取一个角度，以透视图表现中心广场的预想效果。在规划文本中的透视表现图尽可能绘制大场景，令图中的信息量饱满。应避免画一些小尺度的小景，因为这些细节在规划阶段无关紧要，不可能对整个项目产生重要的影响，是设计阶段考虑的问题。图 6.2.4 为一年级硕士研究生所绘，从"画"的角度来看，线条绘制流畅、图面内容丰富、植物表现熟练、色彩搭配协调。但从"信息"的角度来看，该图有如下问题：

(1) 信息量不足，图中的植被表现过于概括，显得种类单一，尤其是近处的水生植物，建筑形象缺乏刻画，至少应表现出风格倾向；

(2) 空间比例有误，过高的乔木使广场尺度看起来很小，与平面图不符；

(3) 空间特点不明，植被的垂直郁闭度过大，广场缺乏开敞性，周围的城市环境也缺乏表现。

图 6.2.4　中心广场透视表现图

图片来源：项目组一年级研究生以电脑手绘软件绘制

图 6.2.5、图 6.2.6 依据规划需要表现的信息作了调整：

图 6.2.5 中心广场透视表现图线稿

图片来源：自绘，针管笔绘于草图纸

图 6.2.6 中心广场透视表现图彩色渲染稿

图片来源：自绘，马克笔绘于草图纸

(1) 对植物进行了分层、分类表现，近景的植被细分为芦苇、水芋、菖蒲及荷花等；广场的乔木分支点较高，使人眼在这一高度上的视线通透，符合广场的特点，背景植物适当郁闭以衬托中景。

(2) 增加细节，强化对空间特点、功能的表现，亲水步道、服务建筑的形象清晰、明确，驳岸与水体相互交错，衔接自然。

(3) 增加了背景建筑，暗示公园所在的城市环境。

剖面图表现亲水步道构造、广场空间层次、竖向变化(图 6.2.7)。剖面图水平方向的尺度不宜太大，否则会使景物垂直方向的尺寸显得过小，导致信息表达不清。

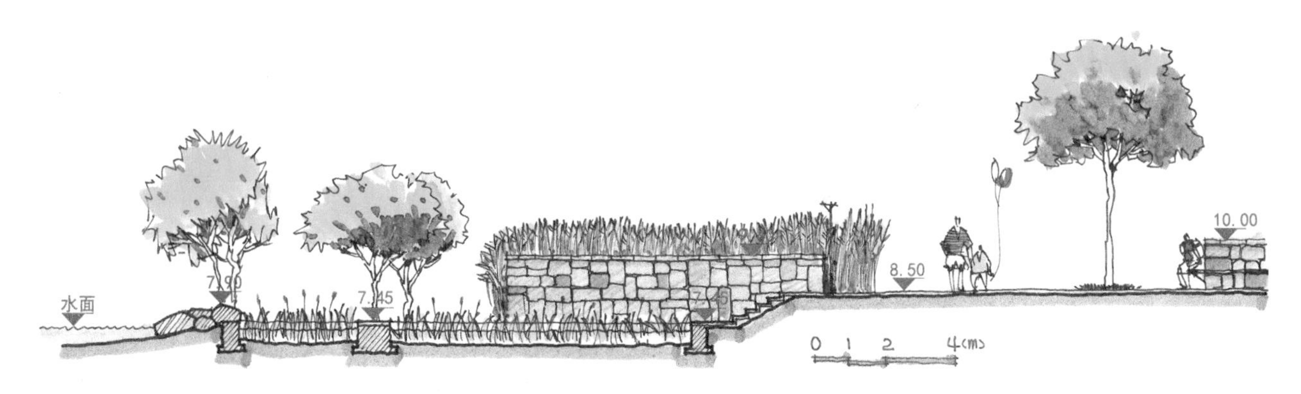

图 6.2.7　中心广场剖面图

图片来源：自绘，马克笔绘于草图纸

6.2.2　节点 2：戏水石滩

在湖湾处以抛石驳岸形成浅滩，营造“水清沙浅、游鱼可数”的意境。石滩上的观景亭延伸至水中，是中心水景区赏景与休憩的最佳位置。架空的步道、观景亭、石滩，这些要素丰富沿河的景观类型、增加了空间层次(图 6.2.8)。

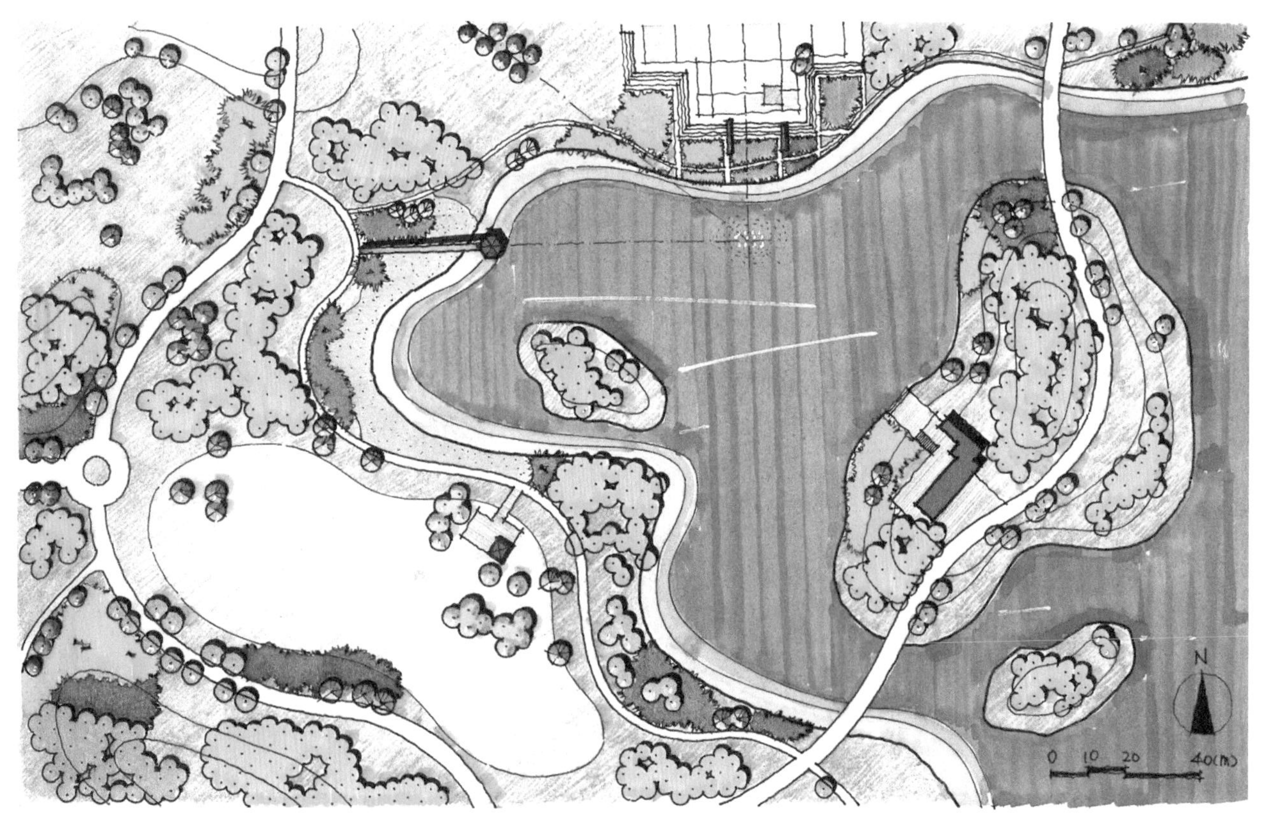

图 6.2.8　戏水石滩平面图

图片来源：自绘，马克笔、彩色铅笔绘于草图纸

图 6.2.9 中主景突出，道路清晰，植物形态准确，尺度适宜，空间层次丰富，能够较好地表现出该景点的景观特点，但仍有如下问题：

(1) 光照方向错误，按照平面图的指北针，图中阳光从北方照来；

(2) 观景亭与架空步道的比例与平面图有较大出入，观景亭过高，架空步道略短；

(3) 观景亭背后草坡上的植被层次单一，驳岸形态生硬；

(4) 观景亭背后的中心广场形象过于简略，广场上的服务建筑体量过大。

图 6.2.9　戏水石滩观景亭透视表现图(学生)

图片来源:项目组一年级研究生以电脑手绘软件绘制

图 6.2.10、图 6.2.11 依据平面图对上述问题作了修正:

(1) 依据指北针改变了光照方向;

(2) 调整了观景亭的高度和架空步道的长度;

(3) 调整了中景树木的分支点,使人眼在这一高度上的视线通透;

(4) 增加了观景亭背后的几株孤赏乔木,丰富了空间层次;

(5) 远处中心广场画上了喷泉,更远处添加了城市建筑,表现了观景亭所处环境的特点。

图 6.2.10　戏水石滩观景亭透视表现图(作者)线稿

图片来源:自绘,针管笔绘于草图纸

图 6.2.11　戏水石滩观景亭透视表现图(作者)彩色渲染稿

图片来源:自绘,马克笔绘于草图纸

剖面图表现戏水石滩的空间层次、竖向变化及抛石护坡的构造(图 6.2.12)。在选择剖切位置时尽量选择该区域具有代表性的剖面、立面。

图 6.2.12　戏水石滩剖面图

图片来源：自绘，马克笔绘于草图纸

6.2.3　节点 3："圆规"主题雕塑

"圆规"主题雕塑位于城市公园西北十字路口，为规划区域的窗口位置，体量高大，色彩醒目，为整个规划区域的标志性节点，有利于提升城市形象。圆规的形象寓意工业园区的精心规划和从无到有的建设历程。"圆规"主题雕塑位于"企业家大道"的轴线上，该大道将刻录参与建设园区的企业家的姓名、手印，以记录园区发展的历程，大道两侧排列镂空的钢板墙，形成以工业氛围的景观序列。

选择"企业家大道"的起点，作为观看"圆规"主题雕塑的角度，绘制透视表现图，以表现这一焦点效果强烈的景观序列。图 6.2.13 较好地表现了圆规的焦点效果，但未能准确表现出圆规所在轴线的空间气氛，看起来更像是一个被废弃的工业区：

图 6.2.13　"圆规"主题雕塑透视表现图(学生)

图片来源：项目组一年级研究生以电脑手绘软件绘制

(1) 植被过于茂盛，前景的植物遮挡了道路，过于自然的地被植物弱化了硬质景观规整的线条，产生了一种年代久远的、略带荒芜的感觉；

(2) 两侧排列镂空钢板墙的轮廓线条不够硬朗，钢板与地面的连接也缺乏过渡，显得单薄；

(3) 地面不够平整，高起的花坛显得多余，弱化了轴线效果。

图 6.2.14、图 6.2.15 依据规划文本对该景区的定位，作了如下调整：

(1) 地面的绿地部分铺设整齐的草坪，减少树木的数量，沿道路只保留能形成序列的几组乔木；

(2) 钢板墙增加一个具有座椅功能的基座，使墙体显得稳重且多功能化，再配上人物的活动，轴线空间因此显得开放而具有休闲性；

(3) 墙体设计成滴水墙形式，精巧的细节暗示现代工业的成就，道路两侧的景观以不对称的形式活跃了空间气氛，削弱其纪念性。

图 6.2.14 “圆规”主题雕塑透视表现图（作者）线稿

图片来源：自绘，针管笔绘于草图纸

图 6.2.15 “圆规”主题雕塑透视表现图（作者）彩色渲染稿

图片来源：自绘，马克笔绘于草图纸

通过将学生与作者的透视图进行对比，印证了第一章绪论部分关于表现图本质的论述：表现图不是单纯的“画”，是包含规划设计信息的一种技术语言；表现的目的不是修饰、美化图纸本身，使之成为一件个性化的艺术品，而是为了有效、清晰地传递园林规划设计的各种信息。表现图的优劣与绘画天分、感觉没有太大关系，而与绘图者的设计经验、修养密切相关。读者在练习表现技法的同时应注重基础知识的掌握，利用各种机会提高自身的专业修养。在每次课程作业或实践项目的绘图过程中，谨记表现图只是一种表现规划设计思想的工具，而非目的，经过一段时间的努力，必然能有所收获，使表现图真正为自己所从事的工作服务。当然，在此基础上若能将图纸画得更美观一些，这也并非一件坏事。

参考文献

[1] WRIGHT F L. Drawings and Plans of Frank Lloyd Wright: the Early Period(1893—1909)[M]. New York: Dover Publications, Inc, 1983.

[2] 谷康,李晓颖,朱春艳.园林设计初步[M].南京:东南大学出版社,2003.

[3] 邱冰,张帆.有效、清晰地传递信息——园林表现技法的教学思考[J].中国园林,2012(1):69—73.

[4] 同济大学建筑城市规划学院.风景园林图例图示标准(CJJ 67—95)[S].北京:中国建筑工业出版社,1996.

[5] 中华人民共和国住房和城乡建设部.房屋建筑制图统一标准(GB/T 50001—2010)[S].北京:中国计划出版社,2011.

[6] 中华人民共和国住房和城乡建设部.总图制图标准(GB/T 50103—2010)[S].北京:中国计划出版社,2011.

[7] 中华人民共和国住房和城乡建设部.建筑制图统一标准(GB 50104—2010)[S].北京:中国计划出版社,2011.

[8] 黄为隽.建筑设计草图与手法:立意·省审·表现[M].天津:天津大学出版社,2006.

[9] 彭一刚.建筑绘画及表现图[M].2版.北京:中国建筑工业出版社,1999.

[10] 郑曙旸.室内表现图实用技法[M].北京:中国建筑工业出版社,1991.

[11] [美]道尔.美国建筑师表现图绘制标准培训教程[M].李峥宇,朱凤莲,译.北京:机械工业出版社,2004.

[12] 钟训正.建筑画环境表现与技法[M].北京:中国建筑工业出版社,1985.

[13] 易道.赢取国际赞誉的滨水社区——江苏苏州金鸡湖景观建筑设计[J].景观设计,2004(04):90-95.

[14] 杨茂川.室内设计表现技法[M].北京:中国轻工业出版社,1997.

[15] 陈伟.马克笔的景观世界[M].南京:东南大学出版社,2005.

[16] [美]雷吉特.绘画捷径——运用现代技术发展快速绘画技巧[M].田宏,译.北京:机械工业出版社,2004.

[17] [美]格普蒂尔阿瑟 L.钢笔画技法[M].李东,译.北京:中国建筑工业出版社,1998.

[18] [美]GRICE G.建筑表现艺术1[M].天津:天津大学出版社,1999.

[19] [美]麦加里 R,马德森 G.美国建筑画选——马克笔的魅力[M].白晨曦,译.北京:中国建筑工业出版社,1996.

[20] 王晓俊.风景园林设计[M].增订本.南京:江苏科学技术出版社,2000.

[21] 胡德君.学造园——设计教学100例[M].天津:天津大学出版社,2000.

[22] 中国建筑标准设计研究院.环境景观——绿化种植设计(03J012-2)[S].北京:中国计划出版社,2008.

[23] 中国城市规划设计研究院.中国新园林[M].北京:中国林业出版社,1985.

[24] 刘远智.建筑水彩画技法[M].北京:中国建筑工业出版社,1991.

[25] 邓蒲兵.景观设计手绘表现[M].上海:东华大学出版社,2012.

[26] 谷康.姚松.刘仲蔚.范旭红.园林制图与识图[M].南京:东南大学出版社,2001.

[27] 卢仁.金承藻.园林建筑设计[M].北京:中国林业出版社,1991.

[28] WALKER T D. Plan Graphics[M]. Second ed. West Lafayette: PDA Publishers, 1977.

图 1　某街旁公园设计方案透视效果图

图片来源：自绘，铅笔绘于 A3 复印纸

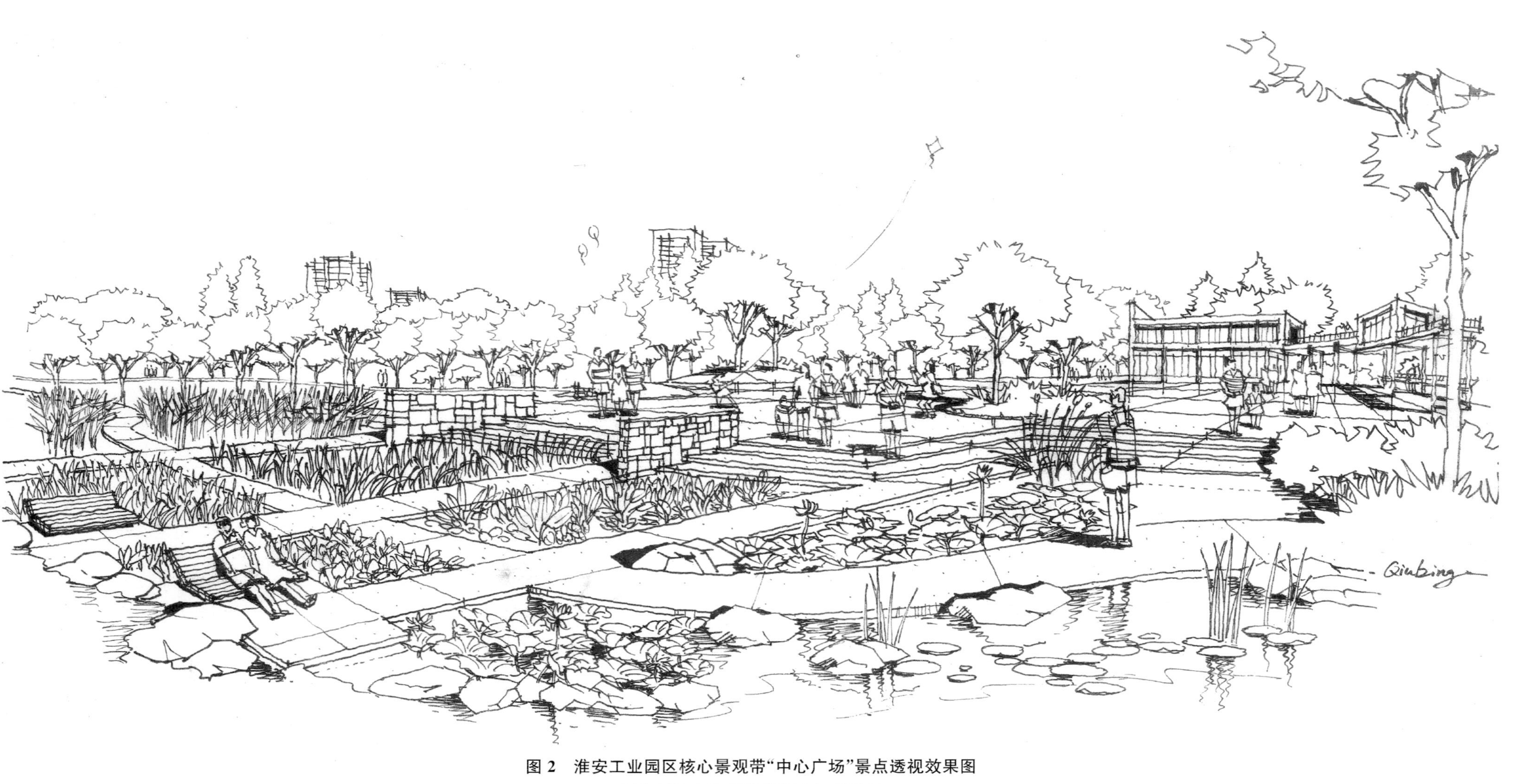

图 2　淮安工业园区核心景观带“中心广场”景点透视效果图

图片来源：自绘，针管笔绘于 A3 草图纸

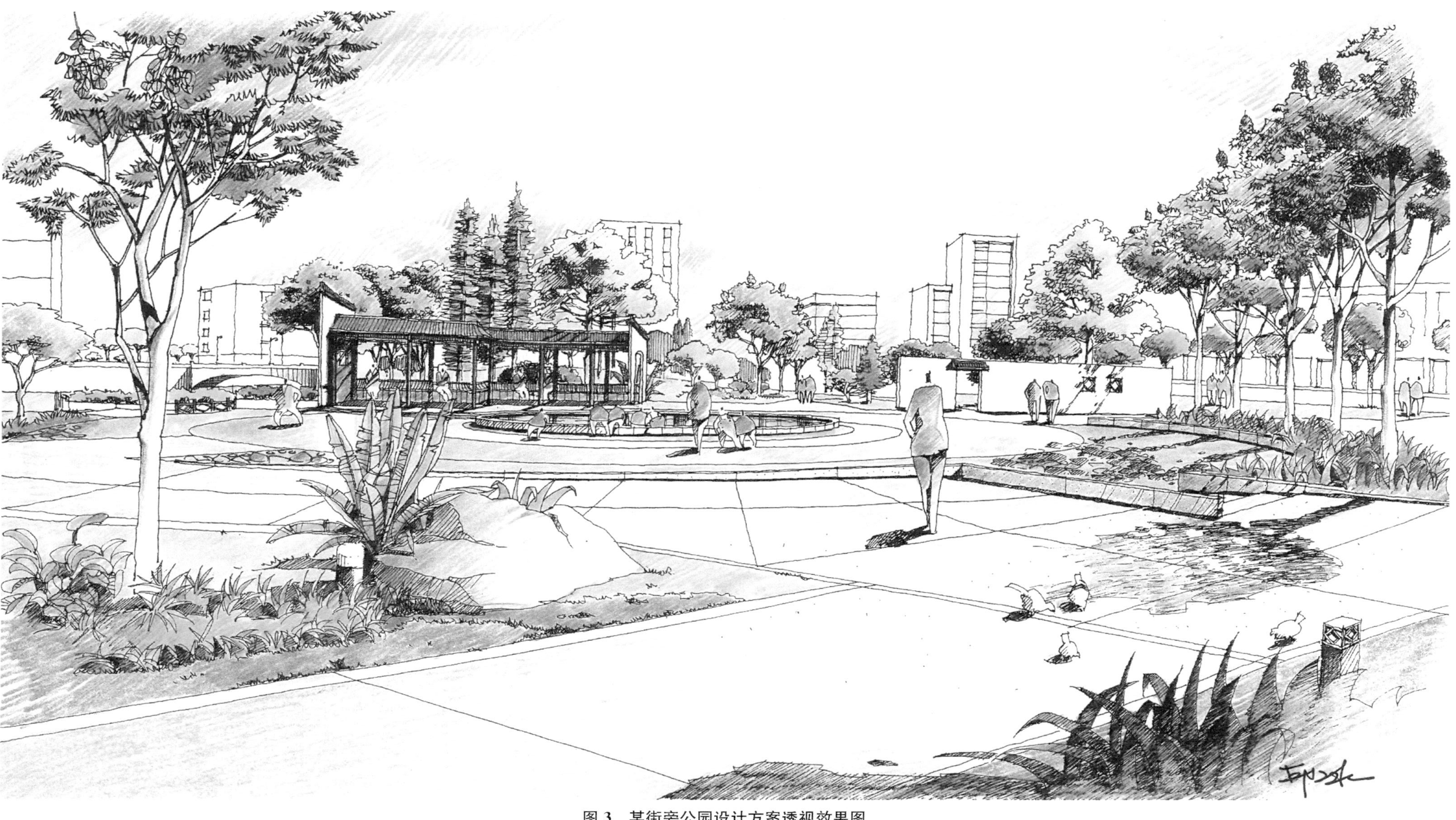

图 3　某街旁公园设计方案透视效果图

图片来源：自绘，彩色铅笔绘于 A3 复印纸

图 4　某街旁公园设计方案透视效果图

图片来源：自绘，马克笔绘于 A3 复印纸

图 5　某街旁公园设计方案透视效果图

图片来源：自绘，马克笔绘于 A3 草图纸